网构软件演化技术

——面向多层架构

韦正现　宋敏　周连科　著

HEUP 哈尔滨工程大学出版社

内容简介

网构软件是21世纪计算机软件的发展方向，要求在开放、动态、难控的环境下，为用户提供7×24、不断演化更新、智能化的服务，需要相应的演化机制方法支撑。本书系统地介绍了面向多层架构的网构软件演化技术基本概念和新的特征，从语义关系角度，阐述了网构软件静态演化特征与波及效应，从数据流和控制流角度，探讨了网构软件动态演化错误和运行实例动态可迁移准则，并展望了网构软件演化技术发展趋势。

本书可为计算机软件工程技术领域科技人员提供参考，也可供高等院校计算机技术、软件技术等专业的教师及研究生阅读参考。

图书在版编目(CIP)数据

网构软件演化技术：面向多层架构/韦正现，宋敏，周连科著．—哈尔滨：哈尔滨工程大学出版社，2016.1(2016.7重印)

ISBN 978-7-5661-1211-8

Ⅰ．①网…　Ⅱ．①韦…　②宋…　③周…　Ⅲ．①软件设计-研究　Ⅳ．①TP311.5

中国版本图书馆CIP数据核字(2016)第010258号

出版发行 哈尔滨工程大学出版社
社　　址 哈尔滨市南岗区东大直街124号
邮政编码 150001
发行电话 0451-82519328
传　　真 0451-82519699
经　　销 新华书店
印　　刷 哈尔滨市石桥印务有限公司
开　　本 787 mm×960 mm　1/16
印　　张 9
字　　数 154千字
版　　次 2016年1月第1版
印　　次 2016年7月第2次印刷
定　　价 25.00元

http://www.hrbeupress.com
E-mail:heupress@hrbeu.edu.cn

前　言

“变化”是现实世界永恒的主题，只有“变化”才能发展。Lehman认为，现实世界的系统要么变得越来越没有价值，要么进行持续不断的变化以适应环境的变化。软件是对现实世界中问题空间与解空间的具体描述，是客观事物的一种反映。现实世界是不断演化的，因此，演化是软件的基本属性。目前网构软件已经成为Internet上的主流软件系统，网络的开放性和动态性使得网构软件的演化性出现了新的特征和挑战。对网构软件演化技术进行研究与分析，能为我国在未来建立面向Internet的软件产业打下坚实的基础，能为我国软件产业的跨越式发展提供技术支持。

面向多层架构的网构软件是Internet上来自不同厂商的各种软件实体（构件、服务或Agent等，统称为构件）以开放、自主的方式存在于各个节点，在开放的环境下以各种协同方式实现跨网络的互联、互通和协作的软件联盟。网构软件在多层架构支持下，要求在开放、动态、难控的环境下，为用户提供7×24、不断演化更新、智能化的服务，需要相应的演化技术和机制支撑。网构软件的演化技术分为静态演化和动态演化。静态演化研究要求从网构软件的体系结构（Software Architecture，SA）层面出发，确定发生变化的构件（演化源）对体系结构的影响范围；而动态演化则需要确定网构软件实体的运行实例是否可以从当前的流程模式（源模式）迁移到新的流程模式下（目标模式）继续执行。当前在静态演化研究中，发生变化的构件（演化源）对体系结构的影响范围缺乏一个定量的分析方法；而动态演化研究是将数据流依附在控制流上，不能满足网构软件核心理论之一——软件协同分离化的一个方面——数据流与控制流分离的要求。

针对上述要求与问题，我们撰写了本书。书中结合作者长期参与网构软件技术研究，在参考国内外相关文献的基础上，融进了作者大量的最新研究成果,既注重理论与方法的完整性,又注重理论与方法的工程实用性。本书共分为7章,各章节内容介绍如下。

第1章　绪论。介绍了网构软件演化技术的研究目的和意义、网构软件静态演化和动态演化的核心问题,论述了本书的主要组织结构和研究内容。这为后面展开进一步的研究打下了基础。

第2章　基本概念。首先,通过与传统软件系统的对比,介绍了面向多层架构的网构软件基本概念、技术特点以及在软件工程方法上带来的变化和挑战;其次,介绍了软件演化的基本概念,重点论述了软件静态演化和动态演化的技术特点;再次,论述了网构软件演化技术新特征和要求;最后,对网构软件演化技术的国内外现状进行了阐述。

第3章　网构软件静态演化特征。首先,阐述了网构软件体系结构中构件本身及构件之间语义关系及其特征,基于语义协议关系,分析构件内部和构件之间语义的时序逻辑性,采用语义协议关系项来表示构件内部和构件之间语义关系的时序逻辑性,探讨了网构软件体系结构的语义关系矩阵和语义关系链矩阵,并对它们的性质进行了分析;在此基础上,分析网构软件中构件增加、修改、删除、合并和拆分等演化操作特性,形成了体系结构演化操作及其影响的定量的衡量指标,为量化评价衡量静态演化波及效应提供了技术基础。

第4章　基于语义关系的网构软件静态演化波及效应。首先,根据网构软件体系结构语义关系特征以及静态演化操作特性,论述了构件端口语义和端口之间通过方法调用组合形成的网构软件语义的形式化描述,以及面向网构软件静态演化特性的体系结构形式化模型;然后,基于网构软件体系结构的语义关系矩阵及其相关性质,分析了用于量化分析衡量静态演化操作影响范围的语义关系链波及效应指数和语义关系构件波及效应指数;在此基础上,根据构件之间语义协议关系的强弱程度,阐述了构件增加、修改、删除、合并和拆分等演化操作对体系结构的影响关系和程度,探讨了确定不同演化操作的语义关系链波及效应和语义关系构件波及效应的算法。

第5章　网构软件动态演化错误。首先，基于着色Petri网描述了一种面向数据流和控制流的网构软件模型，将数据流显式地引入网构软件建模过程中；其次，从静态关系和动态运行两个方面分析网构软件服务实施过程中数据依赖关系及其特性，体现数据流和控制流在网构软件动态适应性和演化性中并重的特点；在此基础上，重点分析了网构软件模型数据依赖关系的性质，强调在动态演化过程中必须保持的数据依赖关系；然后，以面向数据流和控制流的网构软件模型为手段，分析了网构软件动态演化操作方式和特征，探讨了网构软件动态演化过程中数据流约束关系、数据流和控制流交叉依赖关系的变化，导致数据流和控制流方面可能出现的动态演化错误特征。

第6章　网构软件运行实例动态迁移准则。首先，以面向数据流和控制流的网构软件模型为基础，针对实现数据流和控制流分离以后的网构软件模型中数据依赖关系特性以及动态演化可能产生的错误，论述了面向数据流的网构软件运行实例的动态可迁移性准则，不但考虑了源模式和目标模式之间的数据依赖关系，还考虑了源模式和目标模式之间参数非重复性复现的情况，同时根据可迁移性准则要求设计关于数据依赖关系的生成算法；然后，根据网构软件数据流和控制流分离后，它们之间的交叉作用特性，探讨了网构软件运行实例关于数据流/控制流交叉依赖关系的动态可迁移性准则，并证明该迁移性准则确保发生演化的实例的目标状态是有效的，从而刻画出完整的网构软件运行实例的动态迁移约束特性。

第7章　总结与展望。本章内容是对本书工作的一个概括和总结，以及对一些关于进一步工作研究方向的建议和思考。

本书由中国船舶工业系统工程研究院的韦正现同志总体策划和组织，并撰写了第1章、第5章和第6章，北京外国语大学的宋敏同志撰写了第3章和第4章，哈尔滨工程大学的周连科老师撰写了第2章，并参与第5章和第6章的编写。同时在编写过程中得到张哲、徐国忠、印桂生、董红斌、王念滨、王红宾等同志的支持与帮助。

本书出版得到了国家自然科学基金项目（61502037，40746029，60973028，61170209，61102105）、基础科研项目（JCKY2016206B001，JCKY2015206C002）、技术基础研究项目（JSJC2013206C512）、中央高校基本科研业务费专项资金资助项目（2014JJ009，HEUCF100605）、哈尔滨市自然科学基金资助项目（2009RFQXG026）的联合资助，在撰写本书过程中，参考了相关文献中的研究成果，在此一并表示感谢。

网构软件演化技术是一个新的研究方向，其理论及应用均有大量问题有待进一步研究。我们期望本书能够为读者的研究提供一定的启发，对本领域的发展起到一定的促进作用。由于作者学识水平有限、经验不足，书中尚有不妥之处，敬请同行专家和读者批评指正。

著　者
2016 年 1 月

目　录

第1章 绪　论

1.1 网构软件演化技术研究的目的和意义

随着Internet技术的不断发展，基于Internet的网络应用也在日新月异地变化，使计算机软件开发、部署、运行和维护的环境开始从封闭的、静态的、可控环境逐步向开放的、动态的和多变的Internet环境转变，软件系统也开始呈现具有自主适应、动态协同、在线演化、连续反应等形态特征，从而出现了一种新的软件形态——网构软件(Internetware)。网构软件是Internet上来自不同厂商的各种软件实体(构件、服务或Agent等，统称为构件)以开放、自主的方式存在于各个节点，在开放的环境下以各种协同方式实现跨网络的互联、互通和协作的软件联盟。它具有自主适应性、协同性、反应性、演化性、多态性等形态特征，为用户提供7×24、不断演化更新和智能化的服务，同时能感知到外部环境的动态变化，并且根据功能指标、性能指标和可靠性指标等进行在线动态演化。杨芙清教授在2005年指出，建立一套完整的网构软件理论、方法、技术与平台，一方面为21世纪计算机软件的发展构造理论基础；另一方面，为我国在未来5~10年建立面向Internet的软件产业打下坚实的基础，为我国软件产业的跨越式发展提供核心技术支持。面对网构软件这种新型的软件形态，传统的软件理论、方法、技术和平台面临着一系列挑战，同时这种挑战为我们研究具有前瞻跨度大、原始创新性强的软件理论、方法和技术提供了难得的机遇[1,2]。

网构软件的理论、方法和技术要求在开放、动态、难控的环境下，为软件系统的开发、运行和维护提供直接、自然和有效的支持。因为网构软件概念框架、逻辑内涵等和相对封闭的、静态的、流程固定的经典软件系统存在很大差异，因此，相对于经典的软件系统，网构软件在理论、模型、方法、技术上必然存在一系列新的挑战[2]：

（1）基本理念开放化　在开放的网络环境下，如何全面完整地认识基础平台、应用需求以及软件行为等基本特征。

（2）软件实体主体化　从开放的软件开发方法与系统运行方式上，如何使软件实体具有并保持内容自包含、结构自独立与实体自适应等特性。

（3）软件协同分离化　从软件结构模型中软件实体之间的协同角度，如何将协同机制从软件实体的计算逻辑中分离出来，并提供灵活多样的协同方式。

（4）运行机制自适应　在对外部环境变化的适应能力上，如何保证软件系统在开放、动态、难控环境下具有较好的自适应能力。

（5）开发方法群体化　从软件开发方式的角度，如何从面向单个程序员的开发方式转变为面向群体最终用户的成长式开发转变。

（6）外部环境显式化　从外部开放、动态、难控网络环境对软件开发与运行的影响角度，如何对其特征进行分析、建模和处理。

（7）系统管理自治化　从软件管理的角度，如何确保在开放、动态、难控环境下使得软件系统能够根据需求进行自我管理。

（8）系统保障可信化　如何在开放、动态、难控环境下为软件系统可信性提供有力可行的支撑。

（9）核心理论形式化　在面对开放、动态、难控环境下的各种需求，如何为网构软件建立一套合用的、一致的形式化体系，从而形成新一代软件方法学的理论基础。

（10）技术体系系统化　如何综合上述网构软件不同侧面的方法、技术，面对应用需求，建立系统化的技术体系。

从上述分析来看，运行机制自适应是网构软件核心难点之一，即如何使得网构软件系统能够在运行过程中对外部环境和应用需求的变化作出适当反应，从而使其所提供服务的功能或性能等保持在一个令人满意的水平上[2]。显然，这一核心问题的解决必须有演化机理和技术的支撑，以实现网构软件的演化，从而适应环境和需求的变化。

软件演化由一系列复杂的变化活动组成，这些变化活动称为演化操作。从演化形态上看网构软件演化有两种，分别为静态演化和动态演化。静态演化主要从非运行时软件版本的更新，软件功能的增加、删除、更新、修改、合并和分解等方面入手进行研究，使软件进行渐变并达到所希望的形态。动态演化研究软件在运行时刻的变换、更替和升级，主要是指当过程模型发生改变时，通过软件实体运行实例的变换来进行深入研究。

目前，对于软件静态演化研究，主要从体系结构（Software Architecture，SA）的角度进行研究，文献[3]采用可达矩阵对发生变化的构件（演化源）对SA的影响程度（波及效应）进行分析，通过给出构件对SA贡献大小来评价SA演化的波及效应；文献[4]~文献[7]分别用进程代数和图论来解释SA的演化；文献[8]~文献[10]对软件演化过程进行了定性分析。由于网构软件是由来自不同厂商的构件动态组合而成，当某个构件发生演化时，必须针对不同构件协助关系、不同演化操作特征和构件之间不同的关系特性，分析其他构件是否受到影响，并确定影响范围和影响程度，从而明确指出来自哪些厂商的构件需要进行适应性修改，哪些构件不用改变，从而为网构软件静态演化进程的控制奠定基础。

网构软件动态演化研究，从控制流（Control Flow）和数据流（Data Flow）两个方面展开研究[11]。控制流方面研究致力于保证过程模型实例在动态演化前后控制流的正确性、合理性、一致性[12~18]。数据流方面的研究主要分为两种方式，一种方式是将变量作为过程模型的一阶实体[19~21]，另一种方式是将活动变量作为标签附加到活动上[12,15,22~24]。由于网构软件要求实现软件协同的分离化，数据流和控制流的分离是其中一个核心要求，因此，需要从数据流和控制流分离的角度对网构软件的动态演化展开研究。

在我国，自从杨芙清院士首次提出网构软件概念[25]以来，以北京大学、南京大学为首的多家高校和科研院所，在网构软件实体模型、网构软件实体协同、网构软件运行平台、网构软件开发方法等方面研究取得了重大进展，初步构建了网构软件理论体系框架；同时在网构软件演化方面，从体系结构支持、运行平台支撑和信任机制等方面也取得了很多成果[26,27]。然而网构软件演化是一个年轻的领域，它关注的焦点以及它的基础概念都在不断变化[28]，在网构软件演化的演化管理、实例迁移和演化准则制约等方面的理论与方法尚不成熟、不完善[11,26]。因此，迫切需要在网构软件理论体系框架指导下，结合实体主体化、协同分离化等特征，对网构软件静态演化和动态演化技术与方法展开研究，从而有效地完善我国网构软件理论体系，推动我国网构软件向工程化、产业化发展，以提升我国网构软件的国际竞争力。

从网构软件的静态体系结构层面上看,构件之间通过接口产生关系,接口由多个端口组成,接口之间的调用关系传递构件之间的语义,形成构件之间的语义关系,不同接口之间的调用具有不同的时序逻辑性,体现了接口调用的语义协议关系。从运行过程层面上看,网构软件是通过控制流和数据流实现不同构件实体运行实例之间的语义交互关系,从而使网构软件构成一个有机的整体,以运行的角度来看,网构软件的语义关系表现为构件实体运行实例之间的数据流和控制流。

针对上述问题和需求,依据组成网构软件的构件之间语义关系特征,本书将语义、语义协议关系引入到网构软件的静态演化中,通过分析网构软件构件内部与构件之间的语义关系,正确表达构件本身、构件之间的语义关系以及网构软件体系结构的语义关系。然后,提出网构软件中构件的增加、删除、修改等操作对 SA 的影响程度和范围的算法,从而确定网构静态演化的波及效应。在此基础上,通过将数据流显式地引入网构软件建模过程,分析数据流可能导致的动态演化错误,从数据流和控制流的角度,提出网构软件运行实例关于数据流和控制流的动态可迁移性准则,从而确保实现网构软件动态演化实施的合理性、正确性和一致性。

1.2 网构软件演化技术

网构软件能够在开放、动态与难以控制的 Internet 环境下快速地构造应用,并能及时响应内部需求和外部环境的变化,从而具有强大的生命力而被业界接受和采纳。因此,网构软件演化技术对于网构软件发展与应用起着至关重要的作用。网构软件演化的驱动力来自于需求和环境的变更[2,29],这些驱动力具体表现如下。

(1) 内部需求和环境的变化。包括网构软件的内部执行环境的变化、网构软件组成实体本身的优化和纠错、业务过程的再工程(Business Process Reengineering)和改变自身经营策略等。

(2) 外部需求和环境的变化。包括变化个性化用户需求、改变伙伴服务的需求和过程协议、变更网构软件的外部执行环境发生、新法律法规的出现、调整商业环境和商业规则等。

这些变化可能发生在网构软件全生命周期的各个阶段，这就要求网构软件应该具有静态（离线）和动态（在线）演化的能力。

在计算机软件领域，软件演化（Software Evolution）是指在软件系统的生命周期内软件维护和软件更新的行为和过程[30]。对应的网构软件演化技术可以分为静态演化和动态演化。网构软件的静态演化是指根据需求和环境的变化，利用一些演化操作修改其网构软件实体及其过程定义（程序、调用关系等），使得网构软件从一个版本升级到另一个版本的过程。网构软件动态演化是指根据需求和环境的变化，在运行时刻修改网构软件的过程定义，并将过程定义的变化动态地传播到正在运行的网构软件实体运行实例上的过程。不难发现，网构软件动态演化是以静态演化为基础的，因此在网构软件动态演化的研究中不可避免地涉及网构软件的静态演化。

在开放、动态与难控的 Internet 环境下，网构软件演化必须遵循网构软件的实体主体化、协同分离化和管理自治化等特征和要求。与传统相对封闭、静态、流程固定的经典软件系统相比，实施网构软件的静态演化，首先必须从网构软件体系结构的层面上，精确地指出演化源（即发起变化的构件）对其他构件和整体体系结构是否产生影响，影响程度有多大，要求量化地分析计算 SA 演化的波及效应，由于网构软件中来自其他厂商的构件的源代码不可获取，因此演化波及效应的分析计算只能在构件之间的语义及其协议关系基础上进行；网构软件要求实现数据流和控制流的分离，与传统经典软件系统控制流和数据流大多紧密结合相比，网构软件动态演化，不但必须充分理解控制流、数据流的各自特征，而且需要理解数据流和控制流分离后它们相互作用对动态演化的影响规律，才能有效实施网构软件的动态演化。

1.2.1　网构软件静态演化

现阶段，网构软件初始版本的设计开发一般按以下步骤进行：首先，从用户需求和运行环境入手，采用软件需求分析方法对用户需求进行描述；然后，业务建模人员对需求进行建模并通过与用户的交流对需求进行细化；最后，由软件开发人员将需求映射到过程模型（如 BPEL）层面上，从而形成满足用户需求的网构软件系统。而当需求或环境发生变化时，可以通过两种方式得到新版本：

（1）从最新、最完整的需求和当前的环境下，按照上述思路，获得新的构成网构软件的软件实体以及相应的软件实体的过程模型。

(2)仅从不断变化的需求和环境信息着手,将发生变化的要素转化为具体的网构软件演化操作(Evolution Operation),将获得的演化操作作用于先前的网构软件实体及其过程模型,从而得到更新的版本[31]。

其中,第二种方式真正反映了网构软件演化的特征。网构软件的静态演化需要关注的是网构软件及其实体从一个版本修改或升级为另一个版本的问题,涉及过程模型层面和代码层面。在模型层面,需要关注网构软件实体之间的过程模型变化及其对整体软件系统正确性的影响。而在代码层面,主要是考虑网构软件实体代码修改对整体软件系统正确性的影响。因此静态演化需要考虑以下两个方面的问题:

(1)在过程模型层面上,网构软件被视为所有参与服务实体(即组成网构软件的所有实体单元)的共享资源,那么各个软件实体对网构软件的修改应该保持互斥。

(2)在运行时刻,当某一实体的变化(演化源)需要修改全局的网构软件时,它应该确定哪些关联实体(伙伴服务)将会受此影响,哪些不会。

由于网构软件由来自不同厂商的软件实体(统称为构件)组合而成,从软件开发形态和软件体系结构层面上看,具有基于构件的软件工程 CBSE(Component - Based Software Engineering)特征。

1.2.2 网构软件动态演化

在网构软件运行时刻,当需求和环境发生变化时,首先需要修改或升级网构软件的过程模型,然后将模型的变化反映到代码修改中,最后获得新的网构软件版本。当获得新的网构软件版本后,需要将发生在过程模型层面的变化动态地传播到当前正在运行的实例上。具体来说,存在如下三类方式来处理原来的运行实例[12,17]:

(1) 根据网构软件演化后的模型从头开始执行,这类处理方式丢弃了已执行部分的运行结果。

(2)根据网构软件演化前的模型继续执行实例,这种模式或者不能使当前的网构软件运行实例体验到新过程模型带来的好处,或者不能满足新的法律法规或新的用户需求。

(3) 尽可能地将当前的网构软件实体运行实例动态地迁移到演化后的过程模型下继续执行,这种模式避免了上述两类处理方式的缺点。

显然网构软件动态演化要求采用第三种方式实现,即需要使用实例迁移机制实现网构软件的动态演化,将正在运行的网构软件运行实例动态地迁移到演化后的过程模型版本上继续执行[32~34]。而此时,网构软件实体运行实例的迁移需要保证迁移过后不会发生一些动态演化错误[17,35]。

动态演化是网构软件的一个核心内容,要求在运行时刻、在没有(或尽量少)用户干预的前提下进行演化,从而使其所提供服务的功能、性能等保持在一个令人满意的水平上[2,26]。网构软件需要解决的核心难点问题也包括软件实体主体化和软件协同分离化。网构软件要求软件实体具有内容自包含、结构自独立与实体自适应等特性,以便能够适应不断开放的开发与应用环境;软件协同是指软件实体之间通过交互与通信,从而使整个软件系统协同运行,以实现既定目标的过程。软件协同在传统的结构化和面向对象软件技术中处于从属地位,隐藏于计算逻辑之中。而在网构软件形式下,软件实体的计算逻辑所提供的各种服务是高度主体化的,只能在尊重这种主体性的前提下实现协同,这要求软件的协同机制能够从软件实体计算逻辑中分离出来,并且能够适应用户需求和环境的变化[1,2]。因此,网构软件动态演化必须适应软件实体主体化和软件协同分离化的需求。从高层体系结构上看,软件实体之间的控制语义及其协同过程构成了系统的控制流,软件实体对数据的计算处理逻辑以及实体之间的数据依赖关系构成了系统的数据流,所以软件协同分离化要求必须实现控制流与数据流相互分离。

网构软件大多数需要为用户提供7×24的服务。这要求在不中断网构软件所提供服务的前提下,自动或在外部动作指导下实施错误修正、功能完善和性能优化等软件改变活动。

1.3　主要工作与组织结构

当需求和环境产生变化,需要对网构软件实施演化时,首先要确定演化所采取的策略和流程,并对演化策略和流程涉及的演化操作活动及其特性进行详细分析;根据代码修改和演化策略、演化操作活动的性质,对演化所带来的变化传播特性进行分析，根据分析结果调整需要改变的其他相关构件；然后对需要实施修改的构件进行代码修改并升级构件的代码；如果能够停止当前正在运行的网构软件系统，则停止当前的原软件版本运行，运行新版本。如果网构软件要求提供 7 ×24 的服务，而不能停止当前的服务，则需要将当前的实例迁移到新的流程模式下运行，实施动态演化，在实施动态演化之前，首先需要分析动态演化是否会产生新的错误（动态演化错误）；然后根据可能出现的动态演化错误，制定行之有效的运行实例可迁移性准则，最后实施运行实例的动态迁移。网构软件演化的整体概述如图 1.1 所示。

在上述过程中，针对网构软件演化特性，存在两个核心问题。

（1）静态演化方面　当产生变化的构件（演化源）影响到全局的网构软件整体时，如何确定网构软件中哪些构件受到影响，并界定它对网构软件的体系结构的影响程度和影响范围。

（2）动态演化方面　在遵循网构软件实体主体化、软件协同分离化和核心理论的形式化等特征下，如何将软件实体的运行实例从当前流程模式（源模式）动态地迁移到新流程模式下（目标模式）继续执行，并且满足：① 源模式稳态的继承性，即已执行活动的相关数据、状态、关系和结果能够在目标模式下继承，并在后续的活动执行中得到应用；②保证目标模式状态的有效性，不能引入动态演化错误，使目标模式产生死锁、活锁或流程异常终止等现象。

网构软件静态演化研究需要从高层的体系结构出发，而动态演化研究则需要避免动态演化错误的发生。从网构软件体系结构上看，构件之间是通过接口实现交互，从而实现语义的传递。而网构软件动态演化过程中需要关注数据流和控制流的分离。因此本书对于网构软件演化技术研究主要分为以下两个部分。

（1）在对网构软件静态演化的研究中，通过软件语义、语义协议关系和 SA 语义关系模型，研究网构软件体系结构中构件本身及构件之间语义关系及其特征，采用语义协议关系及其强弱特性，分析构件内部和构件之间语义的时序逻辑性，形成对网构软件体系结构的清晰描述，通过构造 SA 的语义关系矩阵和语义关系链矩阵，清晰描述网构软件中某个构件的演化操作引发影响范围，建立语义关系链波及效应指数和语义关系构件波及效应指数，提出网构软件静态演化波及效应的分析计算方法，确定演化操作如构件增加、删除、修改等操作带来的影响程度和范围。

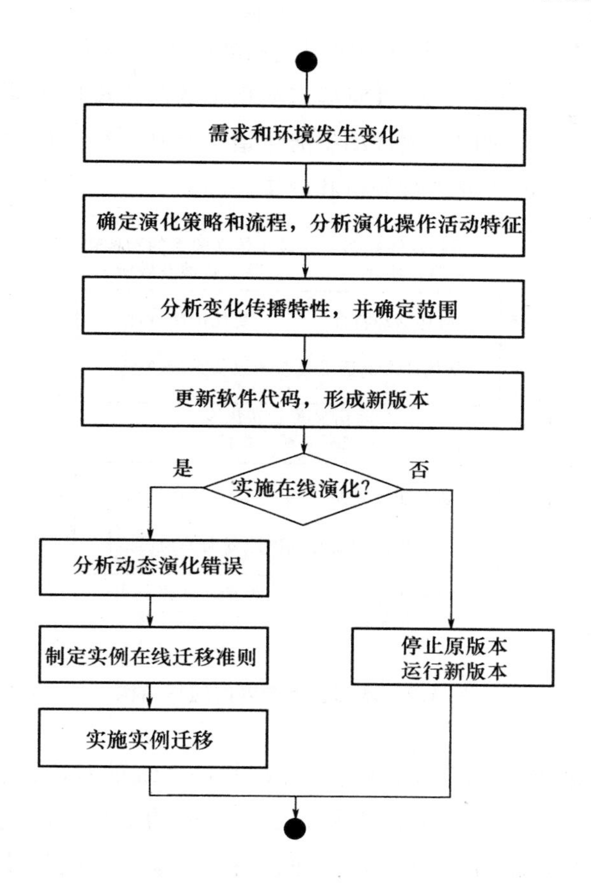

图1.1　网构软件演化过程概况

(2)在对动态演化研究中,将静态演化研究中的构件之间的语义及其协议关系转化为网构软件动态运行时刻的控制流和数据流。根据控制流和数据流分离的要求,通过网构软件模型刻画出网构软件的数据依赖关系和控制依赖关系,分析网构软件数据依赖关系的传递特性,形成网构软件动态演化错误的形式化描述方法,分析在源模式和目标模式之间保持数据依赖关系的方法,提出保持数据依赖关系的网构软件运行实例可迁移性准则。在此基础上,分析控制流/数据流交叉依赖关系使网构软件模型可能产生的死锁,提出网构软件运行实例迁移后目标状态是有效的可迁移性准则,刻画出完整的网构软件运行实例的动态迁移约束特性。

针对上述的研究内容,本书的组织结构如图 1.2 所示。首先,介绍网构软件及其演化的基本概念;其次,针对静态演化中的演化操作特性和变化传播特性进行探讨;然后,针对网构软件动态演化错误及其运行实例的迁移准则进行探讨;最后,对今后的研究进行分析和展望。

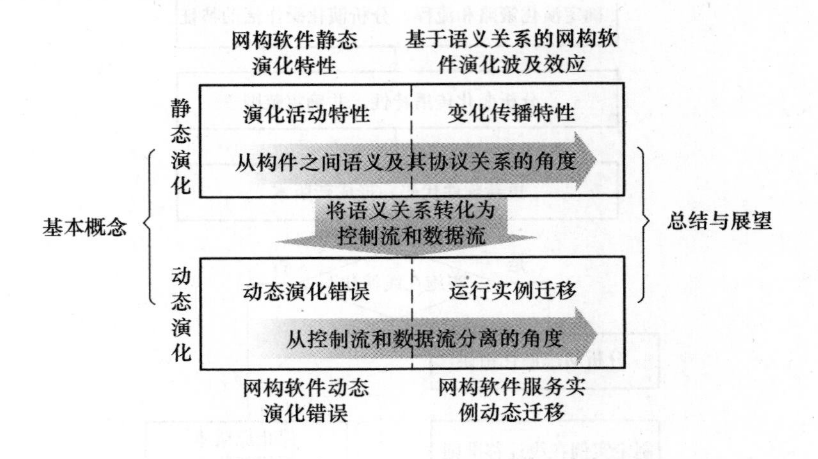

图 1.2 本书重点内容的组织结构

在基本概念介绍中,首先,通过与传统软件系统的对比,论述了网构软件基本概念、技术特点以及在软件工程方法上带来的变化和挑战;其次,介绍了软件演化的基本概念,重点分析软件静态演化和动态演化的技术特点;然后,论述了网构软件演化技术新特征和要求;最后,对网构软件演化技术的国内外现状进行了阐述。

在网构软件静态演化特性分析中,首先阐述了网构软件体系结构中构件本身及构件之间的语义关系及其特征。基于语义协议关系,分析构件内部和构件之间语义的时序逻辑性,采用语义协议关系项来表示构件内部和构件之间语义关系的时序逻辑性,探讨了网构软件体系结构的语义关系矩阵和语义关系链矩阵,并对它们的性质进行了分析。在此基础上,分析了网构软件中构件增加、修改、删除、合并和拆分等演化操作特性,形成了体系结构演化操作及其影响范围的定量衡量指标,为量化评价静态演化波及效应提供技术基础。

在研究基于语义关系的网构软件静态演化波及效应分析中,首先,根据网构软件体系结构语义关系特征以及静态演化操作特性,论述了能够描述构件端口语义和端口之间通过方法调用组合而形成的网构软件语义的形式化描述,以及面向网构软件静态演化特性的体系结构形式化模型。然后,基于网构软件体系结构的语义关系矩阵及其相关性质,分析了用于量化分析衡量静态演化操作影响范围的语义关系链波及效应指数和语义关系构件波及效应指数。在此基础上,根据构件之间语义协议关系的强弱程度,阐述了构件增加、修改、删除、合并和拆分等演化操作对体系结构的影响关系和程度,探讨了确定不同演化操作的语义关系链波及效应和语义关系构件波及效应的算法。

在网构软件关于数据流和控制流分离的动态演化错误分析中,首先,基于着色 Petri 网描述了一种面向数据流和控制流的网构软件模型,目的是将数据流显式地引入网构软件建模过程中。其次,从静态关系和动态运行两个方面分析网构软件服务实施过程中数据依赖关系及其特性,体现数据流和控制流在网构软件动态适应性和演化性中并重的特点。在此基础上,重点分析了网构软件模型数据依赖关系的性质,强调在动态演化过程中必须保持的数据依赖关系。然后,以面向数据流和控制流的网构软件模型为手段,分析了网构软件动态演化操作方式和特征,探讨了网构软件动态演化过程中数据流约束关系、数据流和控制流交叉依赖关系的变化,导致数据流和控制流方面可能出现的动态演化错误特征。

在网构软件运行实例动态可迁移准则分析中,首先,以面向数据流和控制流的网构软件模型为基础,针对实现数据流和控制流分离以后的网构软件模型中数据依赖关系特性以及动态演化可能产生的错误,论述了面向数据流的网构软件运行实例的动态可迁移性准则。不但考虑了源模式和目标模式之间的数据依赖关系,还考虑了源模式和目标模式之间参数非重复性复现的情况,同时根据可迁移性准则要求设计关于数据依赖关系的生成算法。然后,根据网构软件数据流和控制流分离后,它们之间的交叉作用特性,探讨了网构软件运行实例关于数据流/控制流交叉依赖关系的动态可迁移性准则,并证明该迁移性准则确保发生演化的实例的目标状态是有效的,从而刻画出完整的网构软件运行实例的动态迁移约束特性。

最后的总结与展望是对本书工作的一个概括和总结,并论述了进一步工作研究方向的建议和思考。

第2章　基本概念

2.1　面向多层架构的网构软件

随着 Internet 的出现和普及，开放、动态、难控网络环境的资源共享与集成成为了 Internet 平台上应用需求的基本形态。为了适应开放、动态、难控的网络环境的需求，软件系统开始呈现出一种柔性可演化、连续反应式、多目标适应的新系统形态。从技术的角度看，在面向对象、软件构件等技术支持下的软件实体以主体化的软件服务形式存在于 Internet 的各个节点上，各个软件实体相互间通过协同机制进行跨网络的互联、互通、协作和联盟，从而形成一种与 WWW 相类似的软件 Web（Software Web）网络环境的开放、动态和多变性，以及用户使用方式的个性化要求决定了这样一种软件 Web 不再像经典软件那样一蹴而就，它应能感知外部环境的动态变化，并随着这种变化按照功能指标、性能指标或可靠性指标等进行静态（离线）的调整和动态（在线）的演化，以使系统具有尽可能高的用户满意度。将这样一种新的软件形态称之为网构软件（Internetware），它具有自主性、协同性、反应性、演化性和多目标性等特征[1,2]。

网构软件具有多层架构软件系统的特征，同时也是因为多层架构软件技术的发展，有力推动了网构软件的成熟与应用，典型面向多层架构的网构软件系统层次结构如图 2.1 所示，主要由硬件层、基础软件层、中间件层和应用层组成。硬件层包括不同协议的网络环境和不同特征的硬件设备；基础软件层主要包括不同类型的操作系统和设备板卡驱动程序等；中间件层是多层架构软件系统的核心，多层架构网构软件的核心功能就是由不同功能的中间件来支撑的，主要包括需要实现各种公共功能服务的中间件，例如数据管理中间件、安全管理中间件、容错管理中间件、系统资源管理服务、用户管理服务等；应用层主要包括各种应用构件或应用服务，以及相应的用户访问机制等。

面向多层架构的网构软件是在 Internet 开放、动态和多变环境下软件系统基本形态的一种抽象，它既是传统软件结构的自然延伸，又具有区别于在集中封闭环境下发展起来的传统软件形态的独有的基本特征。

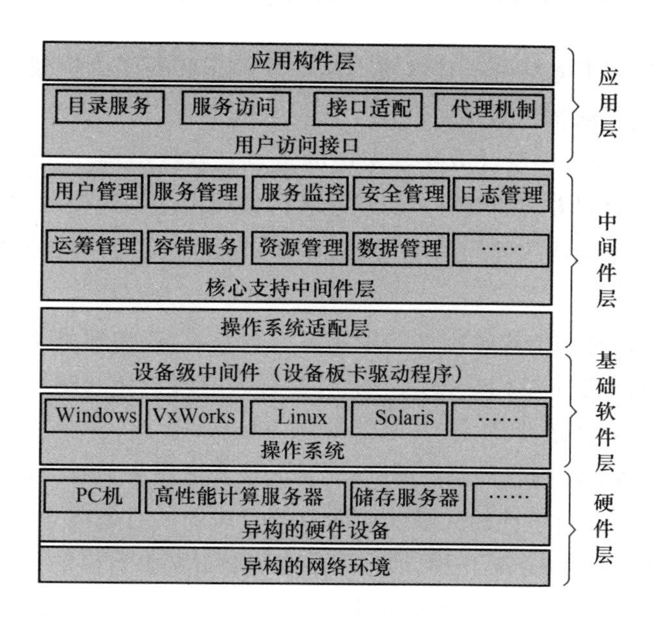

图2.1 多层架构软件示意图

(1)自主性　指网构软件系统中的软件实体具有相对独立性、主动性和自适应性。自主性使其区别于传统软件系统中软件实体的依赖性和被动性。

(2)协同性　指网构软件系统中软件实体与软件实体之间可按多种静态连接和动态合作方式在开放的网络环境下加以互联、互通、协作和联盟。协同性使其区别于传统软件系统在封闭集中环境下单一静态的连接模式。

(3)反应性　指网构软件具有感知外部运行和使用环境并对系统演化提供有用信息的能力。反应性使网构软件系统具备了适应 Internet 开放、动态和多变环境的感知能力。

(4)演化性　指网构软件结构可根据应用需求和网络环境变化而发生动态演化，主要表现在其实体元素数目的可变性，结构关系的可调节性和结构形态的动态可配置性。演化性使网构软件系统具备了适应 Internet 开放、动态和多变环境的应变能力。

(5)多态性　指网构软件系统的效果体现出相容的多目标性。它可根据某些基本协同原则，在动态变化的网络环境下，满足多种相容的目标形态。多态性使网构软件系统在网络环境下具备了一定的柔性和满足个性化需求的能力。

当前软件技术体系由于其本质上是一种静态和封闭的框架体系，难以适应 Internet 开放、动态和多变的特点。从技术框架看，软件方法学的核心是程序设计方法学，而程序设计方法学考虑的重点是软件结构。软件结构主要包括程序实体和协同方式两部分。目前在软件领域占主导地位的软件方法是面向对象方法。从网构软件的角度来看面向对象软件结构，可以发现以下三方面的问题。

(1)系统目标和结构确定性的限制。一般来说，在构建系统的过程中，系统的基本功能和基本结构是按照系统所要解决的问题和问题领域的特性，通过系统分析与设计逐步确定的，未能兼顾 Internet 开放、多变和动态的特性。因此，它难以适应网构软件系统的动态协同、逐步适应和不断演化的需求。

(2)实体单元自主性的欠缺。面向对象方法中的对象概念通常是静止和被动的，它难以在 Internet 开放、动态和多变环境下调整自己的目标和行为，以适应网络环境的变化和用户的个性化要求。

(3)协同方式的单一性。程序实体间传统的协同方式是过程调用和对象引用(Reference)。一般来说，由于其时间和空间耦合的特征，过程调用和对象引用通常只适合于程序实体功能固定、位置固定以及协同逻辑固定的静态和封闭世界，难以满足开放、动态和多变的 Internet 环境对时间或空间松散耦合等多种协同方式的需要。

传统的软件工程与软件方法已经不能适应开放、动态和多变的 Internet 环境条件下的网构软件特征。可以说，多层架构支持下的网构软件导致传统的软件理论、方法和技术等发生了很大变化。

(1)软件基本模型的变化。软件基本模型的发展，表现为一个逐步追求更具表达能力、更符合人类思维模式、更具可构造性和演化性的软件结构的过程。目前，软件模型已经发生了重要变化，面向对象、面向构件的软件模型已逐步成为主流。对基于 Internet 环境的网构软件系统而言，其基本的计算单元应该是分布、自治、异构的“构件”，而它们之间的“交互”则可能是从简单的消息传递到复杂的通信协议和协同模式。这种模型将由于所处平台的特性和开放应用的需求而变得比任何传统的计算模型都更为复杂，开放、动态和演化等是其基本属性。

（2）软件开发技术的变化。由于所基于的平台是封闭静态框架，传统软件系统的开发基本都是采用自顶向下的途径，确定系统的范围（Scoping）总是建立需求的第一步，然后通过分解而实施分而治之的策略，整个开发过程处于有序控制之下。而网构软件系统的开发所基于的平台是一个有丰富基础软件资源但同时又是开放、动态和多变的框架，开发活动呈现为通过基础软件资源组合为基本系统，然后经历由“无序”到“有序”的往复循环过程，基本上是一种自底向上、由内向外的螺旋方式。另一方面，在静态和封闭的环境下，传统软件开发方法和技术并没有将对软件的可信性（安全性和可靠性）考虑融合在其中，从而致使在 Internet 环境下开发软件系统时，缺乏可以保证系统可信性的有效手段。

（3）软件生命周期概念的变化。在传统的软件工程体系中，软件生命周期概念所强调的是从问题提出到软件提交的整个开发过程的重要性，而对于提交使用之后的软件变化过程往往只采用“软件维护”加以简单概括。这样一种软件生命周期概念对于处于静态封闭环境下的软件系统的开发是合适的，但对处于 Internet 开放、动态和多变环境下网构软件系统的开发则有局限性。对网构软件系统来说，系统提交之后的动态的自适应性和演化性是其基本特征。因此，对运行阶段之后的演化过程的关注是必需的，甚至显得更为重要。因此，结合“无序”到“有序”的循环，网构软件系统所呈现的是一个不同于传统生命周期概念的“大生命周期概念”。目前，围绕这种新的大生命周期概念的相关理论、方法和技术基本上还是空白。

（4）程序正确性概念上的变化。对传统软件系统，正确性的概念和相应的质量标准是确定的，正确性的验证与质量测试和评价均依此而定。然而，在 Internet 环境下，一个软件系统所能达到的目标不仅取决于系统的输入，而且还取决于开放和动态变化的外部环境。因此，一个软件系统所能达到的目标难以用传统的正确性概念加以概括。也就是说，网构软件系统是一个具有多个相容目标的系统，其正确性可能表现为传统正确性描述的一个偏序集。同时，多目标的正确性概念也是网构软件演化的基本依据。正确性概念的变化，可能会导致传统软件工程体系中与正确性相关的软件规约、程序语义和程序验证等理论体系的变化。更进一步,多目标正确性概念还可能导致软件测试和评价技术的根本改变。

(5)软件体系结构侧重点的变化。传统软件系统的体系结构更多地关注于软件实体,是以实体为中心的结构模式。虽然最近关于软件体系结构的研究已开始关注软件实体间的连接,但就体系结构的整体拓扑建模来说,仍是实体驱动的。这样的模式适合于封闭和静态环境的需求。在 Internet 开放、动态和多变的环境下,由于存在众多的基础软件资源,体系结构研究的出发点将从软件实体转向实体间的动态协同。因此,从基于实体的结构分解到基于协同的实体聚合将会是软件体系结构研究的重大转变。

(6)软件生产过程和环境的变化。在 Internet 开放的环境下,网络上必然存在大量可供用户直接使用的软件资源。在某种意义下,软件开发过程就是将这些资源加以适当协同并进行逐步演化的过程。由于软件协同模式与功能体的分离,程序设计的本质就成为进行协同的过程,这就形成了基于 Internet 的面向用户的虚拟工厂的概念。在这样一个工厂中,不仅软件生成过程的控制和质量保证等会发生较大变化,而且开发环境和运行环境会融为一体。

网构软件要求在开放、动态、难控的环境下,为软件系统的开发、运行和维护提供直接、自然和有效的支持。为了实现这个目的,多层架构支持下的网构软件相关理论、方法要求达到基本理念开放化、软件实体主体化、软件协同分离化、运行机制自适应、开发方法群体化、外部环境显式化、系统管理自治化、系统保障可信化、核心理论形式化和技术体系系统化。

2.2 软件演化基本概念

软件演化的概念是 20 世纪 60 年代提出的。软件演化(Software Evolution)指在软件系统的生命周期内软件维护和软件更新的行为和过程。在现代软件系统的生命周期内,演化是一项贯穿始终的活动,系统需求的改变、功能实现的增强、新功能的加入、软件体系结构的改变、软件缺陷的修复、运行环境的改变无不要求软件系统具有较强的演化能力,能够快速适应改变,减少软件维护的代价[30]。

软件演化的核心问题是软件如何适应改变,软件的演化能力主要体现在以下四个方面。

(1)可分析性(Analyzability)　软件产品根据演化需求,定位待修改部分的能力。具有良好演化能力的软件应该容易分析、理解,从而可以根据变化要求迅速定位需要改变的部分。

(2)可修改性(Changeability)　软件产品实现特定部分修改的能力。具有良好演化能力的软件可以方便地修改,以支持变化。

(3)稳定性(Stability)　软件产品避免软件修改造成不良后果的能力。

(4)可测试性(Testability)　软件产品验证软件修改有效性的能力。

从软件演化的概念来看,软件演化和软件维护有着密切的联系,但二者又有本质的区别。软件维护是对现有的已交付的软件系统进行修改,使得目标系统能够完成新的功能,或是在新的环境下完成同样的功能,主要是指在软件维护期的修改活动。而软件演化则是着眼于软件的整个生命周期,从系统功能行为的角度来观察系统的变化,这种变化是软件的一种向前的发展过程,主要体现在软件功能的不断完善。在软件维护期,通过具体的维护活动可以使系统不断向前演化。因此,软件维护和软件演化可以归结为这样一种关系:前者是后者特定阶段的活动,并且前者是后者直接的组成部分。

软件演化过程,也是通过修改软件的组成成分适应变化的过程。在这一过程中,通常我们会尽可能复用系统已有的部分,降低演化的成本和代价。因此支持软件演化的技术通常也包含了软件复用的部分技术,如基于构件的开发、构件复用技术等。通常软件演化可能发生在时间、平台、应用三个维上。

(1)时间维　软件以旧版本作为新版本的基础,适应新需求,加入新功能,不断向前演化。

(2)平台维　软件以某平台上的软件为基础,修改其和运行平台相关的部分,运行在新的平台上,适应环境变化。

(3)应用维　特定领域的软件演化后应用于相近的应用领域。

软件演化过程应该具有以下几个特征。

(1)迭代性　在软件演化过程中,必须不断地对系统进行变更,许多活动要比在传统模式中具有更高的重复执行频率。

(2)并行性　为了提高软件演化的效率,必须对软件演化过程进行并行处理。

(3)反馈性　用户需求和软件系统所处的工作环境总是在不断地发生改变,一旦环境发生变化后,就必须作出反馈,启动软件演化过程。

(4)多层次性　软件演化是一项多层次的工作,它是多方面因素共同作用的结果。

(5)交错性　软件演化既具有连续性又具有间断性,二者是交错进行的。

软件演化是要求系统进行变化并达到预期目标的过程,可以分为静态演化和动态演化两种类型。

(1)静态演化(Static Evolution)　是指系统在停机状态下进行的改动。其优点是不用考虑运行状态的迁移,同时也没有活动的进程需要处理。然而停止一个应用程序就意味着中断它提供的服务,造成软件暂时的失效。在静态演化中,先对变化进行分析,锁定软件更新的范围,然后实施系统升级。在停机状态下,系统的维护和二次开发就是一种典型的软件静态演化。在软件开发过程中,如果对当前结果不满意,可以退回重复以前的步骤,这本身也是软件的一次静态演化。

(2)动态演化(Dynamic Evolution)　是指软件在运行期间所进行的更新。其优点是不会导致软件暂停,而是可以继续提供服务。然而由于涉及状态迁移、进程保护等问题,从技术上处理的难度更大。动态演化是最复杂也是最有实际意义的演化形式。动态演化使得软件在运行过程中,可以根据应用需求和环境变化,动态进行软件的配置、维护和更新,其表现形式包括系统元素数目的可变性、结构关系的可调节性和结构形态的动态可配置性。软件的动态演化特性对于适应未来软件发展的开放、动态环境具有重要意义。软件动态演化可以分为预设的和非预设的两种类型。动态变化的因素是软件设计者能够预先设想到的,可实现为系统的固有功能,这就是预设的软件动态演化;对系统配置进行修改和调整是直到软件投入运行以后才能确定的,这就要求系统能够处理在原始设计中没有完全预料到的新需求,这是非预设的软件动态演化。

按照演化发生的时机,软件演化可以分为三类。

(1)设计时演化　设计时演化是指在软件编译前,通过修改软件的设计、源代码,重新编译、部署系统来适应变化。设计时演化是目前在软件开发实践中,应用最广泛的演化形式。目前有多种技术来提高软件的设计时演化能力,如基于构件的开发（Component－Based Software Development，CBSD）、基于软件框架（Framework）的开发、设计模式（Design Pattern）等。

（2）装载期演化　装载期演化是指在软件编译后、运行前进行的演化，变更发生在运行平台装载代码期间。因为系统尚未开始执行，这类演化不涉及系统状态的维护问题。为了执行这种演化，要求编译后的软件系统含有足够的系统运行时信息，如包括增添新的方法、添加接口和数据成员等操作。

（3）运行时演化　发生在程序执行过程中的任何时刻，部分代码或对象在执行期间被修改。当前，越来越多的软件需要在运行时刻对系统进行更新，为用户提供定制和扩展功能的能力，这种演化是研究领域的一个热点问题。

显而易见，设计时演化是静态演化，运行时演化是一种典型的动态演化，而装载期演化既可以看作静态演化也可以看作动态演化。如果是用于装载类或代码，那么装载期演化就是静态演化，因为它其实是类的映射，而实际的装载代码并没有发生变化；另一种可能是增加一个层，允许在运行时刻动态的装载新代码和卸载旧的版本，实现版本的更换，那么它就可以认为是一种动态演化机制。

从实现方式和粒度上看，演化形式可以分为四类。

（1）基于过程和函数的软件演化　早期的动态链接库 DLL 的动态加载就是以 DLL 为基础的函数层的软件演化。DLL 的调用方式可以分为加载时刻的隐含调用和运行时刻的显式调用。加载时刻的隐含调用由编译系统来完成对 DLL 的加载和卸载工作，属于软件静态演化。运行时刻的显式调用则是由编译者使用应用程序编程接口 API 函数来加载和卸载 DLL 实现对 DLL 的动态调用。

（2）面向对象的软件演化　面向对象语言是从现实世界中客观存在的事物（即对象）出发来构造应用系统，提高了人们表达客观世界的抽象层次，使开发的软件具有更好的构造性。对象是某一功能的定义与实现体，封装了对象的所有属性和相关方法。类则是一类具有相似属性的对象的抽象。

利用对象和类的相关特性，在软件升级时，可以将系统修改局限于某个或某几个类中，以提高演化的效率。在设计系统时，可以为对象提供一个代理对象，在运行软件时，任何访问该对象的操作都必须通过代理对象来完成。当一个对象调用另一个对象时，代理对象首先取得调用请求信息，然后识别被调用对象的类版本是否更新，如果已经更新则重新装载该类并替换被调用对象。

在面向对象技术中，类层次的动态演化是最具代表性的方法，其原理是在代理机制下，实现类的动态替换。可动态演化的对象应该具备以下几个特征：

①在系统运行时，允许进行重新配置；

②动态调整不涉及实现代码，可直接在运行实例中修改应用系统；

③使用反射、元数据及元对象协议来实现对象的动态更新；

④参照透明，即被替换的对象无需告诉它的使用者，在客户机－服务器(Client－Server)模式中，服务器 Server 的更新对客户机 Client 保持透明；

⑤状态迁移，在对象动态演化中，被替换对象的相关状态信息，例如属性和当前运行状态，应该迁移到新对象上；

⑥相互引用问题，对象之间往往存在着某种相互依赖的关系。

例如，Java 语言使用了动态类的概念，并通过修改标准 Java 虚拟机，增加相应动态类载入器，在升级前先检查类型的正确性。

(3)基于构件的软件演化　从复用的粒度来讲，软件构件要比对象大得多，更易于复用，而且也更易于演化。在基于构件的系统中，构件作为一个特定的功能单位，主要包括信息、行为和接口三个部分。信息保存在构件的内部，指明构件的内部状态，构件在实现其功能时将参照这些信息。行为是构件所能实现的功能。接口是构件对外的表现，包括构件对外属性和方法调用。

构件演化是在现有构件的基础上，对其进行修改，以满足用户的新需求。从构件组成的角度来看，构件演化主要包括三种类型：

①信息演化是给构件增加新的内部状态；

②行为演化是在保持构件对外接口不变的情况下，修改构件的具体功能，重新实现构件的内部逻辑；

③接口演化则是要对构件的接口进行修改，包括增加、减少和替换原构件的接口。

软件构件是现代软件系统的主要组成部分，目前从软件构件的定义和结构来说，比较成熟的构件规范有 COM/DCOM，CORBA，EJB 等，软件构件的运行需要中间件的支持，为了支持构件的演化，在中间件上引入反射机制来支持构件演化，从而形成由反射式中间件(Reflective Middleware)构成的演化支持平台，它是一种通过开放内部实现细节以获取更高灵活性的中间件。通过引入反射技术，可以以一种受限的方式来操纵中间件运行时的内部状态和行为，使系统具有反射性，这种反射性使系统能够提供对自身状态和行为的自我描述，并且使系统的实际状态和行为始终与自我描述保持一致。即自我描述的改变能够立即反映到系统的实际状态和行为中，而系统的实际状态和行为改变也能够立即在自我描述中得到反映。反射系统定义了一个层次化的反射体系，包括一个基层和一个或多个元层，工作在基层中的实体执行系统正常的业务功能，而工作在元层中的实体负责建立和维护系统的自我描述。

在构件演化过程中，演化平台可以截获构件之间的调用请求和构件状态，当接收到演化命令时，演化平台将调用请求阻塞，根据体系结构配置信息对构件进行重新组装和部署。基于构件的演化与面向对象的演化既有一定的区别，又有一定的联系，软件构件的实例是一种更为复杂的对象，在更新时仍然需要借助面向对象的演化方法。

(4)基于体系结构的软件演化　软件体系结构是一个系统视图，该视图描述了系统的主要组成构件、构件相对系统其他部分的可见行为，以及为了达到系统预定的功能构件之间所采取的交互和协作关系。由于系统需求、技术、环境和分布等因素的变化，最终将导致系统框架按照一定的方式来变动，这就是软件体系结构演化。软件体系结构演化是从宏观的角度来刻画软件演化问题，从而更好地把握整个系统的更新问题。如果单纯从系统是否运行的角度出发，软件体系结构演化包括静态演化和动态演化。

软件体系结构静态演化是在非运行时刻，系统框架结构的修改和变更。在停止运行的状态下，体系结构演化的基本活动包括删除构件、增加构件、修改构件、合并构件和分解构件等。在体系结构的静态演化中，表面上看是对构件进行增加、替换和删除操作，但实质上这种变化蕴涵着一系列的连带和波及效应，更多地表现为变化的构件和连接件与其他相关联的构件和连接件的重新组合与调整。在静态演化阶段，对软件的任何扩充和修改都需要在体系结构的指导下来完成，以维持整体设计的合理性和性能的可分析性，为维护的复杂性和代价分析提供依据。

软件体系结构动态演化是在运行时刻系统框架结构的变更。在软件体系结构的动态演化中，要求框架结构模型不仅具有刻画静态结构特性的能力，而且还应该具有描述构件状态变化和构件之间通过连接件的相互作用等动态特性的能力，这需要将构件之间的相互作用与约束细化为构件与连接件之间的相互作用与约束。

从系统框架发生变化的时间来进行划分，软件体系结构演化可以分为以下四个阶段：

①设计时的体系结构演化。随着对系统理解的不断深入，系统的整体框架会越来越清晰，这本身就是一个体系结构设计方案不断完善的过程。在这个阶段，由于系统框架还没有与之相对应的实现代码，因此，这时演化相对简单。目前，有多种技术可以提高软件设计时演化的能力，如基于构件的开发、基于软件框架的开发等。

②运行前的体系结构演化。此时，框架各部分所对应的代码已经被编译到软件系统中，但系统还没有开始运行，因此体系结构更新不需要考虑系统的状态信息，只需要重新编译框架中变化部分的代码和对构件元素进行重新配置。

③安全运行模式下的体系结构演化。这种演化方式又称受限运行演化，系统运行在安全模式下，软件体系结构的演化不会破坏系统的稳定性和一致性，但是演化的程度要受到限制。此外，还需要提供保存系统框架信息和动态演化的相关机制。

④运行时刻的体系结构演化。框架演化通常与构件演化密切相关。在系统运行过程中，需要检查系统的状态，包括系统的全局状态和演化构件的内部状态，以保证系统的完整性和约束性不被破坏，使演化后系统能够正常地运行。这个阶段除了要求系统提供保存当前的框架信息和动态演化机制外，还要求具备演化一致性检查功能。

从软件体系结构的研究上看，软件体系结构能够很好支撑软件演化，主要表现在以下五个方面：

①对系统的框架结构进行形式化表示，提高软件的可构造性，从而更加易于软件的演化；

②体系结构设计方案将有助于开发人员充分地考虑将来可能出现的各种演化问题、演化情况和演化环境；

③在应用系统中，软件体系结构以一类实体显性地被表示出来，被整个运行环境所共享，可以作为整个系统运行的基础；

④体系结构对系统的整体框架进行了充分地描述，说明了构件与构件之间的对应关系、构件与连接件之间的连接关系，以及系统架构的配置状况，在系统演化阶段，可以充分地利用这些信息；

⑤在设计系统的框架结构时，通常将相关协同逻辑从计算部件中分离出来，进行显式地、集中地表示，同时，解除系统部件之间的直接耦合，会有助于系统的动态调整。

2.2.1　静态演化技术

静态演化可以是一种更正代码错误的简单变更，也可以是更正设计方案的重大调整，可以是对描述错误所作的较大范围的修改，还可以是针对新需求所作的重大完善。在演化时，首先根据用户的需求变动，开发新功能模块或更新已有的功能模块，然后编译链接生成新应用系统，最后部署更新后的软件系统。软件静态演化的步骤（图 2.2）包括以下几项。

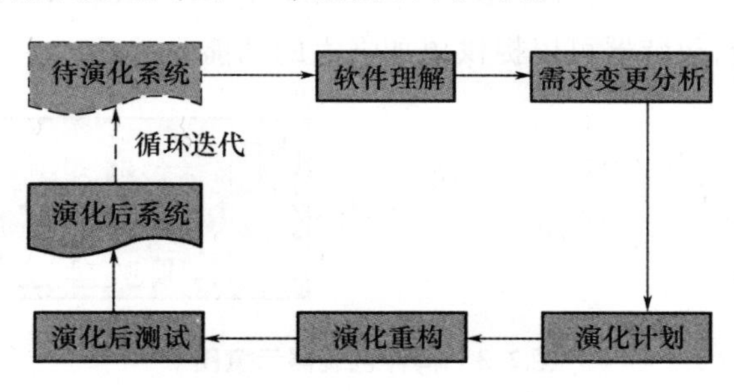

图 2.2　软件静态演化的步骤

(1)软件理解　查阅软件文档，分析系统内部结构，识别系统组成元素及其之间的相互关系，提取系统的抽象表示形式。

(2)需求变更分析　软件的静态演化往往是由于用户需求变化、系统运行出错和运行环境发生改变所导致的。

(3)演化计划　对原系统进行分析，确定更新范围和所花费的代价，制定更新成本和演化计划。

(4)演化重构　根据演化计划对原软件系统进行重构，使之能够适应当前的需求。

(5)演化后测试　对更新后的软件元素和整个系统进行测试，以查出其中的错误和不足之处。

在面向对象的软件系统中，在对系统功能进行更新时，最简单的机制就是创建相关类的子类，然后重载需要变更的方法，利用多态性来调用新创建的方法。而在面向构件的软件开发模式下，开发构件时，通常采用接口和实现相分离的原则，构件之间只能通过接口来进行通信，在静态演化过程中，具有兼容接口的不同构件实现部分可以相互取代，这已经成为一条非常有效的途径。

在基于构件的开发模式中，经常出现的构件接口与系统设计接口不兼容的情况包括接口方法名称不一致和参数类型不一致。为了提高软件演化的效率，通常使用构件包装器(Component Wrapper)来修改原构件的接口，包装器对构件接口进行封装以适应新的需求环境。在构件包装器中，封装了原始构件，同时提供了系统所需要的接口，这样就解决了构件接口不兼容的问题(图2.3)。包装器的实质是一个筛选器，它将对原构件的请求进行过滤并调用对应的方法。同时包装器可以包装多个构件，即同时封装多个构件。通过复合多个构件的功能，包装器可以提供更加强大的功能。

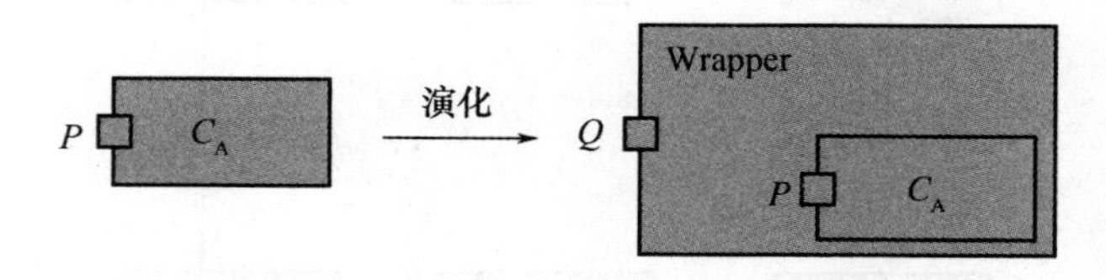

图2.3　构件包装器示意图

基于继承机制的构件演化，是一种广泛使用的构件演化技术。继承(Inheritance)和多态(Polymorphism)是对象建模技术适应变化的强有力武器。通常需要演化的构件，将自己可能需要演化的部分定义为虚函数，并提供默认实现。在新的环境中，当需要对原构件进行演化时，通过创建继承自原构件的子构件，并按照要求重新实现部分虚函数，就可以达到构件演化的目的。

在面向体系结构的静态演化过程中，演化基本表现为删除构件、增加构件、修改构件、合并构件和分解构件等。由于软件体系结构给出了系统的整体框架，可以作为设计、实现和更新的基础，承担了“保证最经常发生的变动是最容易进行的”这一重担。软件体系结构演化基本上可以归结为以下三类。

(1)局部更新是指修改单个软件构件，包括构件删除、构件增加和构件修改。局部更新是最经常发生的,也是最容易实现的。

(2)非局部更新则是指对几个软件构件进行修改,但不影响整个体系结构,包括构件合并、构件分解和若干个构件的修改。在系统功能发生调整时,会出现非局部更新,其处理过程要相对复杂一些。

(3)体系结构级更新则会影响到系统各组成元素之间的相互关系,甚至要改动整个框架结构。当系统功能发生重大变化时,会发生体系结构级更新。

在基于构件的系统工程中,对于复杂的应用系统,可以通过对功能进行分层和线索化,形成正交体系结构。在正交体系结构中,因为线索是正交的,因此,每一个需求变动只影响一条线索,而不涉及其他线索,这样就把软件的改变局部化了,所产生的影响也被限制在一定范围内(图 2.4),使系统的修改更加容易实现。

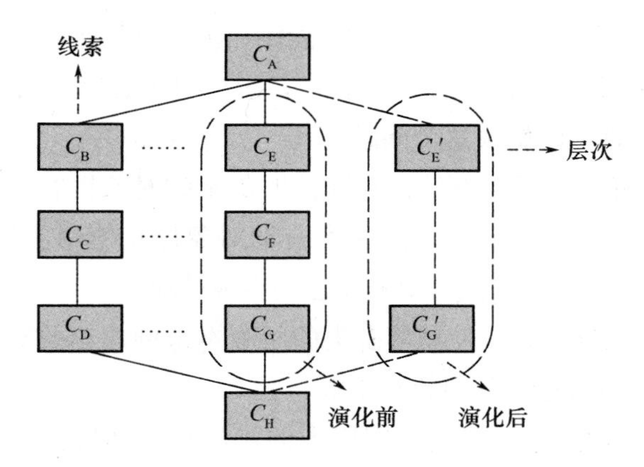

图 2.4　正交体系结构演化示意图

在正交体系结构的演化中,需求变动只对相关构件起作用,不会影响到其他构件,从而使系统的修改更加容易实现。当应用程序发生演化时,可以在原软件结构的基础之上,通过新增、修改和删除线索来生成新系统的框架结构。整个演化过程是以原结构的线索和构件为基础,由左向右自顶向下来进行的。

2.2.2　动态演化技术

目前,在操作系统、分布式对象技术和编程语言中提供的运行时更新能力,还存在很多不足。这些机制不能保证运行时改变的一致性、正确性以及可控性。为了支持软件的动态演化,人们在编程语言和工作机制方面做了大量探索性的研究工作。也形成了一些研究成果,主要有基于硬件的动态演化、动态装载库、动态类、中间件、基于构件的动态演化、基于过程的动态演化、基于体系结构描述语言的动态演化和基于体系结构模型的动态演化等。

其中,基于硬件的动态演化使用多个冗余的硬件设备,用于软件的动态升级服务。动态装载库是从编程语言方面,引进相关机制来支持软件系统的动态演化。动态类(Dynamic Class)是指类的实现在软件运行过程中可以动态改变,可以在类级别上引入新的功能、修改已有的程序错误。为了支持类实现动态可变,要求实现和接口分离,所有实现(通常是一个动态链接库或 Java 类)符合一个统一的接口,作为和客户交流的媒介,接口在编译时定义,并在系统运行期间始终保持不变。

在更新已存在的动态类时,一个基本的问题是如何处理已经存在的旧类的实例。因为在引入动态类新的实例时,系统中可能已经存在一些动态类的对象。有三种处理策略解决这个问题:

(1)"冻结"策略　系统等待已存在的旧版本的对象被客户释放。在所有旧对象销毁前,禁止创建新的对象,在所有旧对象停止使用后,系统开始使用动态类新的实例创建对象,同时旧的动态类实现被释放。

(2)"重建"策略　系统使用动态类的新版本来创建相关对象,同时,将旧版本的对象的状态信息拷贝到新对象中。

(3)"共存"策略　动态类新、旧版本的对象共存,但是,以后对象的创建使用动态类的新版本。旧对象随着系统的运行自行消失,同时所有旧对象也被释放。

为了实现动态类,通常需要引入代理(Proxy)机制(图 2.5),代理负责维护动态类的所有实现的列表,以及实现的外部存储位置。代理监控所有发送给接口的功能请求,并将请求转发给最新的实现版本,如果最新的实现版本没有加载,则根据已经注册的外部存储位置加载实现。代理机制下的动态类是一种轻量级的动态演化技术,它不需要编译器和底层运行环境(例如,操作系统和虚拟机)的支持,比较容易实现。

中间件为运行构件的动态替换和升级提供了相关实现机制,主要包括命名服务、反射技术和动态适配等。在命名服务机制中,给构件实例命名,以便客户使用名字来获取构件实例。反射技术是软件的一种自我描述和自我推理,它提供了系统关于自身行为表示的一种有效手段。动态调用接口支持客户请求的动态调用,动态骨架接口支持将请求动态地指派给相应的构件。

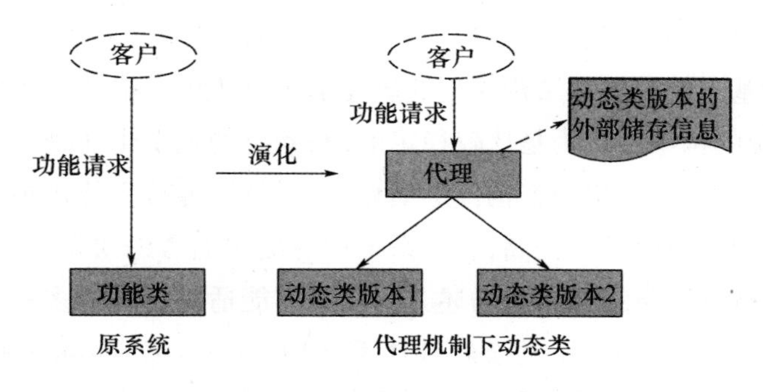

图2.5　基于代理机制的演化示意图

在基于构件的动态演化中,首先将构件的接口按照功能划分为两种:用于处理构件所提供的服务,即行为接口;用于处理构件的演化,即演化接口。演化接口被设置成在特定的服务接口被调用时起作用。然后在使用构件时,可以通过访问演化接口,为相关的动态插入点定义回调(Call Back)方法,增加或替换成用户需要的代码。

在基于过程的动态演化过程中,通过形式化描述系统在运行过程中的状态,建立系统的状态机模型,在状态机模型中,系统的演化可以对应于状态的迁移。

软件体系结构为系统的研究软件演化提供了基础,软件体系结构使开发者的注意力从繁琐的源代码转移到粗粒度的构件以及构件之间的互联关系。这种视野的扩展使软件的设计者可以摆脱系统细节的干扰,更好地理解系统的总体结构,从而可以从系统结构的角度处理动态演化问题。在基于体系结构描述语言的动态演化,通过在体系结构描述语言中,增加动态描述成分,来定义构件之间是如何进行互操作的,构件是如何被替换的,从而实现动态演化。

基于体系结构模型的动态演化,这类方法有效地将中间件、构件、体系结构描述语言等有效综合并发展形成更加实用的动态演化形式。这类方法是通过建立一个软件体系结构模型,并使用这个模型来控制构件行为,控制结构改变和行为演化的。软件体系结构的一个重要特征是它将系统构件间的连接关系建模为独立的元素——连接器(Connector)。连接器协调、控制构件之间的交互过程,将计算逻辑和协同机制分离,避免了构件之间的互相依赖,方便了系统的理解、分析和演化。

早期的基于软件体系结构模型的研究都主要集中在描述系统的静态表现形式上,系统的构架被认为是比较稳定的,在系统的整个生命周期中不易发生变化,系统的演化主要集中在构件的演化上。但是,随着系统规模的扩大和对软件演化能力要求的日益提高,在体系结构的层次上考虑演化问题,变得越来越重要。在软件体系结构静态描述方法已经不能适应越来越多的运行时所发生的系统需求变更,出现了动态软件体系结构(Dynamic Software Architecture,DSA),DSA 的特殊之处在于随着外界环境的变化,系统的框架结构可以进行动态调整。DSA 的动态性表现为在运行时刻,由于需求、技术、环境和分布等因素的变化,框架结构会发生改变,它允许系统在运行过程中对其体系结构进行修改,这主要是通过其框架结构的动态演化来实现的。

根据所要修改内容的不同,软件体系结构的动态演化主要包括以下几个方面。

(1)属性变化　在运行过程中,用户可能会对服务响应时间的限制和吞吐量的约束等指标进行重新定义,这种属性的变化驱动了系统的演化。

(2)行为变化　在运行过程中,用户需求变化或系统自身服务质量的调节,都将引发软件行为的变更。在软件体系结构中,行为的变化是由构件或连接件的替换和重新配置引发的。

(3)拓扑结构变化　在运行过程中,为了适应当前的计算环境,软件系统往往需要对自身的结构进行调整,例如增加构件、删除构件、增加连接件、删除连接件及改变构件与连接件之间的关联关系等,这些都将导致软件体系结构的拓扑结构发生改变。

(4)风格变化　体系结构的风格代表了相似软件系统的基础结构和相关构造方法。一般情况下,软件演化后,其体系结构风格也应该保持不变,除非用户需求发生了重大的调整或系统错误导致该软件不能正常使用,软件到了非要改变体系结构的时候,也只能是“受限”演化,即只允许体系结构风格变为其“衍生”风格。

在运行时刻，要全面地支持软件体系结构的演化，必须解决好以下几个问题：

(1) DSA 的形式语义规约；

(2) 软件框架和模型的定义；

(3) 在运行时刻，软件体系结构必须作为有状态、有行为和可操作的实体形式存在，能够准确地描述目标系统的真实状态与行为；

(4) 灵活的演化计划和处理机制，综合考虑和协调动态演化过程中的诸多因素，给出系统动态配置的完整方案；

(5) 在替换构件时，不仅要使它们的接口保持兼容，而且要保证替换前后构件的外部行为也一致；

(6) 良好的运行平台支持。

在 DSA 实施动态演化过程中，首先捕捉分析需求变化，其次生成体系结构演化策略，然后根据演化策略，实施软件体系结构的演化，最后实施演化后的评估与检测。运行时软件的演化过程应该不破坏体系结构的正确性、一致性和完整性，为了便于演化后的维护，还需要进一步考虑演化过程的可追溯性。正确性要求更新后的系统仍然是稳定的，能够按照正确的模式执行。一致性要求在动态更新之后，原系统中正在执行的实例能够成功地转换到新系统中继续执行，并保证转换后的执行过程不会出现错误。完整性要求动态演化后不破坏体系结构规约中的约束，演化前后的系统状态不会丢失，否则系统将变得不安全，甚至是不能正确运行。可追溯性要求保证系统的任何一次修改都会被验证。

基于构件的动态体系结构模型 CBDA(Component Based Dynamic Architecture)是一种典型的支持动态更新的框架(图 2.6)。CBDA 模型支持系统的动态更新，主要包括三层，即应用层、中间层和体系结构层。应用层处于最底层，包括构件连接、构件接口和执行三个部分。构件连接定义了构件与连接件之间的关联关系；构件接口说明了构件所提供的相关服务，例如消息、操作和变量等；在应用层执行中，可以添加新构件、删除或更新已有的构件。中间层包括连接件配置、构件配置、构件描述以及执行四个部分。连接件配置管理连接件和接口通信；构件配置管理构件的所有行为；构件描述则说明构件的内部结构、行为、功能和版本信息；在中间层执行中，可以添加版本控制机制和不同的构件装载方法。体系结构层位于最上层,用于控制和管理整个框架结构,包括体系结构配置器、体系结构描述和执行三个部分。体系结构配置器控制整个分布式系统的执行,管理配置层;体系结构描述说明了构件和它们所关联的连接件,阐述了体系结构层的功能行为;在体系结构层执行中,可以扩展更新机制,修改系统的拓扑结构,更新构件到处理元素之间的映射关系。

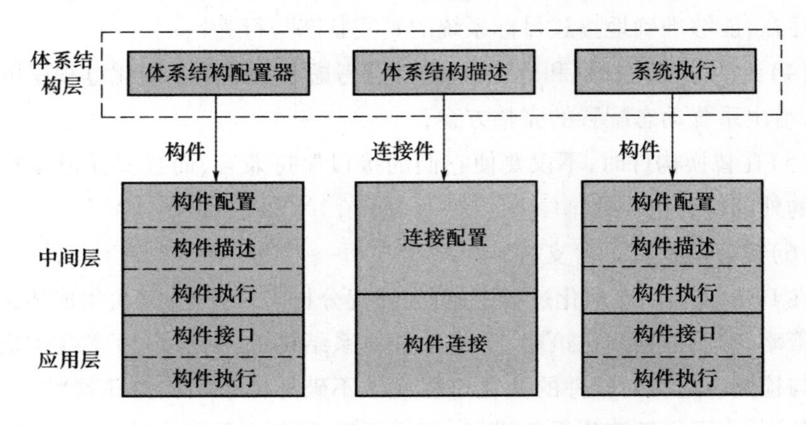

图 2.6　基于 CBDA 模型的动态演化示意图

在基于构件的动态系统结构模型的三层模型中,每层各司其职,各自执行相应的更新请求,使得系统的动态更新能够有序地进行。在该模型中,更新分为局部更新和全局更新两类,局部更新只涉及中间层和应用层,但是全局更新就需要涉及体系结构层。基于构件的动态系统结构模型能够支持预设的和非预设的动态演化,三层相对独立的框架能够很好地支持运行系统的动态更新。

2.3　网构软件演化特征

网构软件的核心难点之一,是如何使得网构软件系统能够在运行过程中对外部环境和应用需求的变化作出适当反应,从而使其所提供服务的功能或性能等保持在一个令人满意的水平上。显然,这一核心问题的解决必须有演化机理和技术的支撑,以实现网构软件的演化,从而适应环境和需求的变化。网构软件演化过程中涉及不同的构件,网构软件要求实现“协同分离化”,因此,网构软件演化技术需要适用“协同分离化”的特征。

所谓"软件协同"是指在开放网络环境下，在具有一定主体性的软件实体之间建立通信联系，约束其交互，以使之和谐工作，从而达成既定应用目标的过程。软件协同逻辑与软件实体的计算逻辑的分离是面向开放环境的网构软件发展的一个重要趋势。在传统的结构化和面向对象软件技术中，与软件实体相比，协同处于从属地位，表达上被固定以过程调用或方法调用，分布上隐藏于计算逻辑之中，实现上屏蔽以程序设计语言或中间件提供的设施。而在网构软件的情景下，提供各种服务的计算实体乃是高度主体化的，应用只能在尊重这种主体性的前提下协同它们，以达成应用目标。同时，为了适应用户需求和环境的变化，协同的方式必须灵活多样，可动态调整；这不仅要求软件协同机制能够从软件实体中分离出来，而且应作为相对独立的机制加以研究与实现。

在 Internet 这样的开放环境下的软件开发与传统的封闭环境下有显著的不同。通常不能再假设整个系统中各个部分都遵从统一的设计和管理，不能完全精确地预先确定系统的结构组成和每个组成部分的行为。同时由于环境的动态性和管理的分散性，可能需要在不同的时刻实施不同的协同行为。因此，一方面，要有有效的协同机制来支持、管理和控制 Internet 上的实体之间的交互行为；另一方面，软件演化还必须提供足够的灵活性以适应环境和应用的不同需求。

网构软件应能够在运行过程中对外部环境和应用需求的变化做出适当反应。因此，如何以已有软件演化工作为基础，通过灵活的协同机制和可信的演化方法达到网构软件在 Internet 环境下逐步由可演化到易演化，再到热演化（在线演化），最终到自演化（自适应）的转变，成为研究的重点。

要在开放、动态、难控的网络环境下设计具有自适应能力的网构软件系统，则必须在经典软件结构的基础上，能够对外部环境进行显式的建模与处理。从外部行为特征的角度，自演化（自适应）是指网构软件系统能够从外部环境信息中收集关于自身行为的信息，依据某些指标来评价自身行为，并能根据评价结果决策是否改变自己的行为以更好地完成预期目标。实际上，自演化所反映的是网构软件系统自动适应外部环境的能力，并试图将软件系统由被动的应变（Reactive）转向主动的求变（Proactive）。从内部组成的角度，具有自演化的网构软件系统通常包括四方面要素，即情境要素、感知要素、决策要素和演化要素。它们相互关联，通过前馈（Feedforward）或反馈（Feedback）机制形成闭环，彼此影响，从而使网构软件在宏观上表现出自适应行为。将四方面的要素应用于具体类型的软件系统，如应用软件系统、中间件支撑系统，便可得到各种不同的自演化软件模型（图 2.7）。

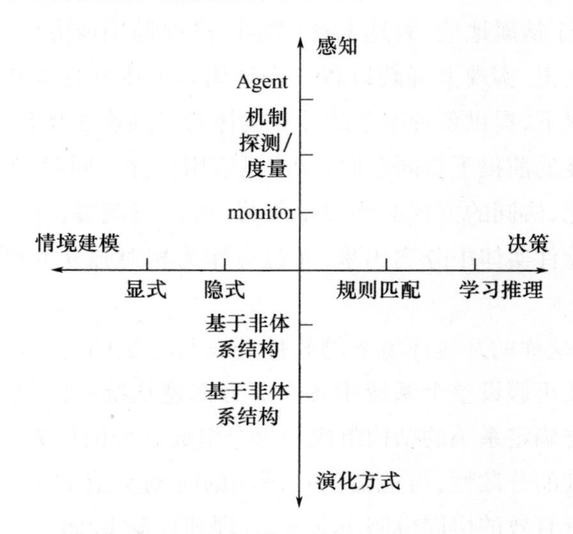

图 2.7 自演化系统中的比较框架

构造能够在线演化或自演化的网构软件难度非常大。自演化是一种宏观行为，具体的实现方式是多样的，并没有固定的方式和途径。网构软件的演化机制要求围绕上述四个要素开展。情境是软件实体所处的平台或环境的一种抽象，它不仅包括了静态的信息，还包括了动态的运行时信息以及其他的一些非功能性需求，情境信息的获取是网构软件在线演化或自演化的前提和基础。针对情境的研究近年来逐渐增多，特别是在普适计算、移动计算等领域。感知是将主体由外部环境转向了软件系统本身，通过对客体（情境）抽象之后，软件实体可以通过各种机制对其进行观测。决策方面，早期的工作一般采用简单的规则匹配机制，随着研究的进展，越来越多的系统采用基于知识的推理，强化学习技术等。演化方面的技术可以采用体系结构方法，通过对体系结构的改变来演化系统。

2.4 网构软件演化技术研究进展

软件演化经历了几十年的发展,可以将其划分为以下三个阶段。

第一阶段是从20世纪60年代到80年代中期,这个阶段主要是软件演化概念形成阶段。首先,Halpern[36]和Couch[37]首次提出了软件演化的术语;在此基础上,Lehman和Belady从系统设计、修改方案、层次性质和操作主体等方面,分析了软件演化与软件维护的区别与联系[38],并且初步给出了软件演化的若干定律[39],使得软件演化的概念、内涵和必要性得到清晰的描述和分析。

第二阶段从20世纪80年代中期到90年代后期,这个阶段是软件演化发展阶段。通过对软件演化的概念、内涵等方面的分析,软件演化的概念开始得到较为广泛的认可[40,41]。通过对为什么要进行软件演化(Why)及如何进行软件演化(How)等问题展开初步探索,提出了多种演化过程模型,比较有代表性的有Bohem螺旋模型[42]、Bennet分段模型[43]等,同时在程序语言[44~46]、体系结构[5,47~50]等层面上,开始研究其对软件在线演化的支持。这一阶段工作特点是规模较小,软件演化研究缺乏组织性,目标单一。

第三阶段从是20世纪90年代后期至今,这个阶段是软件演化研究的跃升阶段。软件演化的研究从规模较小、组织性差、目标单一向规模大、多组织合作、面向开放的网络环境的研究转变,尤其在开放网络环境中提供持续服务的大规模分布式软件系统的演化方面,更是备受关注。Oreizy提出了具有里程碑意义的基于体系结构的在线演化方法[7,51],出现了ArcheStudio[52,53],PKUAS[54~56],Artemis-*[57,58],OSGi[59],Fractal[60]和Archware[61]等演化使能平台,同时出现利用软件系统运行时可改变能力来实现在线演化的系统,如CA-SA[62],MADAM[63],K-Component[64~67],Rainbow[68,69]和MDB[70]等。

软件演化随着软件技术的不断发展,导致软件演化的基础概念、关注点都在不断变化[28],随着网络技术发展和网络环境快速更新变化,软件服务在线演化的实现技术还不成熟、不完善,仍需要深入研究。总体说来,对于软件演化技术的研究主要分为两个方向——静态演化和动态演化,因此对于网构软件演化技术也需要从这两个方面进行研究。

2.4.1 面向SA的网构软件静态演化技术

网构软件是由来自不同厂商的构件组合而成的软件联盟，对于网构软件演化的研究应该首先从高层体系结构出发（以避免过早陷入网构软件演化的细节），从而对软件演化的进程及其影响进行有效控制。因此网构静态演化技术研究需要从组成网构软件的构件、构件之间的关系来考察其功能增加、删除和修改等。软件体系结构定义了系统组成的基本成分及各组成部分之间的相互作用、各成分之间的关系和交互作用机理和机制，因此从软件体系结构的角度，能够有效地对网构软件静态演化开展有效的分析。

基于构件的软件工程CBSE（Component - Based Software Engineering）能够很好地实现构件的复用，有效地提高软件开发质量和效率。在保证构件复用的基础上，对构件演化的研究基于构件的软件工程的关键技术和研究热点[64]。网构软件是构件组成的软件联盟，构件演化所追求的是在演化过程中保持构件的行为一致性。不满足演化操作限制的演化使软件行为发生改变，可能导致系统出错，因此在演化时需要一些演化操作限制与约束，以便保证软件行为的一致性。演化操作限制与约束表现在构件之间接口语义及其协议关系方面的规约，通过限制与约束条件既要保持构件之间语义关系的兼容，也要保持语义协议关系和对外行为的一致性。

构件演化是指构件进行一系列复杂变化并达到所希望的形态的过程，它由一系列复杂的变化活动组成，包括添加、替换和删除构件，配置的系统结构的变化等。演化中的行为一致性约束除了要考虑到上面提到的保持构件之间语义关系的兼容、保持语义协议关系和对外行为一致性外，还要考虑到演化发生在软件运行时刻，对停止正在执行的行为而导致的新问题，既需要保持构件之间语义交互的正确性，又要保证构件内部行为的完整性[65]。

在构件演化研究方面，C2是一种基于构件和消息的体系结构风格，为体系结构的演化提供了特别的支持[66]。C2专门提供了体系结构变更语言AML（Architecture Modification Language）支持基于体系结构的演化方式，同时它通过动态管理机制达到对体系结构运行时的变化的支持。在AML中定义了一组在运行时可插入、删除和重新关联体系结构元素的操作，如Addcomponent，Weld等，总的来说，C2是一种基于软件体系结构的演化方法。需要说明的是，

C2 更多关注的是构造性，而非演化性，并且 C2 并不是建立在具有严谨形式化的描述之上，不能根据软件在运行时的行为和状态来决定是否能够进行体系结构动态变化，从而保证系统演化的正确性、一致性和完整性。

在以体系结构为核心的应用模型和软件框架研究中，也非常重视对软件体系结构演化的支持。例如，文献[67]在设计 K – Component 框架元模型中，通过体系结构元模型和适配契约（Adaptation Contracts），支持系统在运行时刻体系结构的动态重配置。K – Component 将适配逻辑从程序语言或支撑平台分离出来，并通过适配契约显式地表达，实现了适配逻辑可编程和动态地修改。然而体系结构的行为语义和结构语义并不能通过 K – Component 元模型严格和全面地表达。另外，文献[70]通过拓扑元对象和策略元对象来构建体系结构反射元模型，从而支持体系结构的演化，但其仅仅支持预设式的演化。

文献[71]的 ArchStudio 是一个开放源码的软件和系统架构的开发与运行环境，它能够支持 C2 体系结构风格的动态演化。ArchStudio 关注的是如何使系统在体系结构层面表达具有动态调整的能力，是体系结构动态演化在具体系统中得以实施的一个典型代表。目前 ArchStudio 通过体系结构变更源（Source of Architectural Modification）工具——Argo ArchShell 和 Extension Wizard Argo 提供体系结构的图形描述和扩展手段，从而实现在体系结构表达层面上支持动态演化。但是 ArchStudio 面向的是设计阶段而不是运行阶段的软件体系结构产品，它不能够真实描述和反映系统运行时的状态和行为，这样系统动态演化的合理性、一致性和正确性就难以保证。

在国内体系结构演化方面研究也取得了很多成果。复旦大学的蔡健、彭鑫等人通过引入构件接口的动态语义，给出了一个面向构件的动态体系结构框架，该框架支持构件接口语义在运行时可以动态改变，从而实现构件在运行时刻的更新[30]。北京大学提出了基于运行时软件体系结构 RSA（Runtime Software Architecture）的软件维护与演化方法，并且开发 PKUAS[72]（Peking University Application Server）系统。PKUAS 是一种面向领域的构件运行支撑平台，它通过设计反射式中间件，从而能够明确标识、访问和操纵系统中的计算实体，从而支持运行系统进行相应改变。PKUAS 通过扩展的 ABC/ADL 语言来描述 RSA，并使之能够继承设计阶段体系结构所富含的语义。然而 ABC/ADL 语言的主要缺点是缺乏对构件行为和交互的形式化描述，因此它没能解决构件动态演化时的外部行为和内部活动的一致性和正确性。南京大学也提出了一种动态协同架构[64]，目的是能够灵活地实施动态演化以满足开放网络环境下用户需求不断变化的要求，该架构能够使体系结构这一抽象概念具体化为可直接操控的对象，因此可以采用继承和多态等机制，建立一种面向体系结构的动态演化技术。但这种内置 RSA 提高了应用系统开发的复杂性，也缺乏严格的语义定义，不支持行为分析和一致性检测。

上述研究主要是从体系结构的层面上展开，首先从构造性的角度支持系统的静态演化，然后再扩展到对动态演化的支持上，主要是从软件体系结构的角度支持构件的在线动态演化。然而上述的研究并没有对构件变化对体系结构的影响范围进行界定与分析。

目前对 SA 静态演化分析和论述的文献并不多，文献[3]采用语义可达矩阵对 SA 演化的波及效应进行分析，通过给出构件对 SA 贡献大小来评价 SA 演化的波及效应，但没有从语义相关性（协议关系）以及不同 SA 演化操作具有不同特性的角度来分析 SA 演化，也没有给出具体的实验数据。文献[4]～文献[7]分别用进程代数和图论来解释 SA 演化，它们偏重于对 SA 构造方面的描述来支持 SA 的演化性。文献[8]～文献[10]对软件演化过程进行了定性分析，但没有给出量化的分析和结果。从 SA 中构件及构件之间的语义关系、语义的相关性（协议关系）和 SA 演化操作特性等方面综合分析 SA 演化，并对 SA 的演化进行量化研究还很少。

综合上述研究现状，网构软件演化技术是在传统软件演化技术基础上发展而来的。在静态演化研究上更多的是从体系结构构造的角度来保证其演化特性，从构件之间语义关系、语义协议关系的角度来研究具有松散耦合的网构软件静态演化特性很少，无法获得对其静态演化的精确预测和控制。

2.4.2 基于实例迁移的网构软件动态演化技术

在开放网络环境中，对提供持续服务的大规模分布式软件系统的演化技术进行研究，Oreizy[7,51]提出的在线演化方法具有里程碑意义。由此引发了软件在线演化研究的热潮，出现了支持运行时在线演化的使能和可信的支撑平台（系统）[26]，同时网构软件在线动态演化技术也得到了长足进步。

目前，网构软件演化技术是将已有演化方法应用于网构软件，在动态演化方面研究主要集中于工作流和面向服务的动态演化两个方面。Papazoglou 教授在文献[73]中比较全面地总结了几种常见的面向服务演化类型,并提出了一个面向演化的服务生命周期(Lifecycle)方法学以适应演化带来的特殊要求,但该工作并没有对服务组合的动态演化进行具体探讨。文献[74]介绍了服务演化管理的理念,以及对服务和组合服务在演化过程中所产生的不同版本的一致性问题进行了研究。该工作虽然涉及服务组合的动态演化,但是并没有对服务动态演化具体机制、方法和技术进行深入探讨。

文献[11]对动态演化面临的挑战、相关方法和技术框架研究进行了较为全面的论述,将动态演化分为特设式(Ad - Hoc)演化和进化式(Evolutionary)演化两种情形;同时将动态演化可以发生的情形也分为两种,即过程编制和过程编排的演化;同时强调从控制流和数据流两方面相结合对动态演化技术进行研究,但是并没有对如何在演化过程中保证控制流和数据流的一致性和可演化性进行深入探讨。

目前,关于工作流动态演化研究中考虑数据依赖关系的主要有德国乌尔姆大学的 ADEPT[19~21]项目,它将变量以及对变量的读写操作作为一阶实体(First - Class Entities)引入到一种有向图模型(WSM Nets)中。WSM Nets 不仅描述了活动、活动之间的控制依赖,还显式地刻画了变量(数据)以及活动对变量的读写操作。WSM Nets 的数据流正确性需要满足以下两条规则:① 任何活动的输入变量必须在使用之前被定义过;② 并发执行的两个活动不能写同一个变量。这种方法可以避免动态演化数据读写的错误,然而该方法并没有考虑在活动之间的数据依赖关系,因此当动态演化发生,已执行活动和未执行活动存在数据依赖关系时,显得力不从心,无法保证动态演化前后数据依赖关系的一致性。

在服务及服务组合实例的可迁移性研究上也逐步关注数据流的影响,文献[16]研究在服务编排层面,提出当前的 Web 服务组合实例迁移到新模式下的关键,在于求出一个合适的目标状态从而可以充分利用已执行部分的结果,并基于控制流提出了目标状态的判定标准。文献[12]关注服务编制层面的 Web 服务组合实例动态演化,将数据依赖关系以活动所定义的变量形式纳入控制流,定义了相应的 Web 服务组合实例可迁移性标准。

文献[14]将数据绑定到活动中,通过活动执行系列的向前兼容和向后兼容对服务实例的可迁移性进行判定。文献[19]~文献[21]方法从读写依赖上进行可迁移性判定,如果实例的已执行活动序列对数据的读写依赖能够严格按照既定顺序在目标模式下重现,则判定可迁移。文献[22]在验证工作流等过程感知系统的流程时,将活动的输入和输出变量作为活动的标签加入到活动中,判定活动使用数据时是否存在相应的数据流错误,该方法可用于从数据流角度判定网构软件运行实例的可迁移性。以上方法初步考虑了活动之间的数据依赖关系,将这种依赖关系作为考察服务组合实例可迁移性的条件之一,然而这种方法将数据(参数)与活动捆绑得过于紧密,忽略了数据流的特点。

文献[75]的方法采用数据在活动之间的继承关系对数据流影响实例的可迁移性进行判定,但该方法并没有对控制流以及控制流和数据流的相互关系角度对实例的可迁移性加以判断。

网构软件动态演化要求,将当前的运行实例(源模式)动态地迁移到新流程模式下(目标模式)继续执行,在迁移过程中可能会产生错误[11,12,23],这些错误是在动态演化过程中控制流、数据流本身或者数据流与控制流之间的相互作用发生改变后新产生的。从体系结构上看,网构软件的演化存在软件实体的在线增加、删除、修改与合并等演化操作[26];从流程模式上看,有活动细化、活动序列的增加或删除、并行选择循环分支的添加或删除、变量的增加或删除[34]等动态演化操作。文献[76]从控制流的角度提出动态演化过程可能存在三方面错误,即存在死锁或活锁、恰存在无悬而未决的状态、有死锁活动(没有机会发生)。从数据流的角度,文献[11]和文献[24]提出可能存在读写冲突、多重写入等错误。文献[22]提出动态演化过程中,目标模式可能产生数据缺失(数据尚未建立)、数据冗余(数据未被使用)和数据丢失(多次写入覆盖)等错误。

针对网构软件的实体高度主体化、软件协同分离化、实体之间松散耦合和动态演化出现新错误等特征,当前的研究主要存在以下问题。

(1) 在动态演化错误分析技术方面,当前的研究要么将数据流与控制流分开单独研究,要么将数据流依附在控制流上,使数据(参数)与活动捆绑得过于紧密,这样不能全面反映数据流、控制流和数据流与控制流之间的交叉作用对网构软件动态演化影响以及新错误产生特性。

（2）在网构软件实体运行实例的动态演化技术研究方面，当前的研究将数据流依附在控制流上，把变量作为过程模型的一阶实体或把变量作为标签附加到活动上，不能满足软件协同分离化[2]一个重要方面——控制流与数据流分离的要求，从而无法制定有效的实例可迁移性准则。

第 3 章　网构软件静态演化特性

软件体系结构(SA)普遍被认为是组成软件系统的构件与构件之间交互关系的高层抽象,SA 的语义关系总和体现了软件的功能与属性,SA 演化描述了软件功能和属性的变迁。本章从组成网构软件 SA 的构件本身及构件之间语义关系出发,论述了采用语义协议关系项来表示构件内部和构件之间语义关系的时序逻辑性。在此基础上,探讨了 SA 语义关系模型、SA 语义关系矩阵和 SA 语义关系链矩阵,并对它们的性质进行了分析。同时,论述了构件波及效应、语义关系波及效应、语义关系指数和语义关系链指数等概念,给出 SA 演化操作及其影响的定量的衡量指标,分析了 SA 不同类型的演化操作进程。

3.1　引　　言

网构软件是一种基于 Internet 平台的新型软件形态,是 Internet 上各种软件实体(构件、服务或 Agent 等)以开放、自主的方式存在于各个节点,在开放的环境下以各种协同方式实现跨网络的互联、互通和协作的软件联盟,网构软件需要经常调整、完善、演化以应对不断变化的内部策略和外部环境[15,16,77,78]。网构软件的静态演化主要从非运行时软件及其组成结构的更新、软件功能的增加、删除和修改等方面入手[79]。因此静态演化需要从网构软件元素的组成、组成之间的关系来考察其功能的增加、修改和删除等。软件体系结构定义了组成系统的基本成分及其相互作用,以及各组成成分之间的关系和交互机制,因此从软件体系结构的角度出发,需对网构软件静态演化进行有效分析。

构造性和演化性是网构软件的两个基本特性[80]。软件演化由一系列复杂的变化活动组成,这些变化活动称为演化操作[3]。对网构软件演化的研究应该首先从高层体系结构出发,将软件演化的进程及其影响进行有效控制。

目前业界对SA还没有形成统一公认的概念，但它作为软件的蓝图，为人们从宏观上把握软件的整体结构，为软件的整个生命周期各个阶段提供有效指导的观点，得到了普遍的认可。对软件体系结构静态演化的研究，文献[3]采用可达矩阵对SA演化的波及效应进行分析，通过给出构件对SA贡献大小来评价SA演化的波及效应。文献[4] ~文献[7]分别用进程代数和图论来解释SA的演化。文献[8] ~文献[10]对软件演化过程进行了定性分析。

目前对SA演化的研究没有从软件系统的功能和语义上分析它所具有的性质，因而对SA演化缺乏全面而清晰的认识，同时大多数研究只停留在定性分析上，对SA演化及其属性缺乏定量的分析和描述，不能给出令人信服的结论。本章从组成SA的构件本身及构件之间语义关系出发，将构件本身、构件之间语义关系及其时序逻辑性引入到SA演化分析中，通过构造SA语义关系矩阵和语义关系链矩阵，从构件波及效应、语义关系波及效应、语义关系指数和语义关系链指数来定量描述和分析SA静态演化及其属性，为实现SA演化的波及效应的计算奠定了基础。

3.2 网构软件体系结构语义关系特征

目前，人们普遍认为构件以及构件之间的关系(连接件)共同组成了软件体系结构。构件是实现网构软件功能或服务的实体，连接件是实现网构软件中不同构件之间交互的接口的组合，能实现不同构件之间接口的转换。

3.2.1 构件语义及语义协议关系

构件 C 由两部分组成，分别为构件的接口规约和构件的内部规约。接口规约可以分为两类，一类是服务接口(Provided/Service/Public Interface) P，它是构件 C 提供功能(服务)的接口；另一类是请求接口(Required/Entry Interface) E，它是构件 C 需要的功能(服务)接口。服务接口由多个不同的服务端口(Port)组成，同样请求接口由多个不同的请求端口组成。构件语义是构件接口规约和构件内部规约的总和，它表现为请求接口规约与内部规约到服务接口规约的关系总和。构件内部语义关系如图3.1所示。

根据图 3.1 所示的构件语义，可以有定义 3.1。

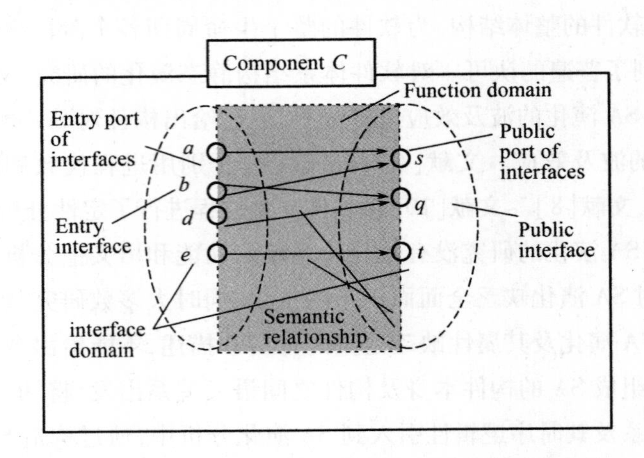

图 3.1　构件内部语义关系示意图

定义 3.1(构件语义)　设 P 是构件 C 的服务接口集(记为 $C \cdot P$)，E 是 C 的请求接口集(记为 $C \cdot E$)，则构件 C 的语义 SC 表象为从 E 到 P 的二元关系，即 $SC \subseteq E \times P$。

构件 C 的服务接口集与请求接口集统称为接口集 $C \cdot I$。例如图 3.1 中，$SC = \{(a,s),(b,s),(b,q),(d,q),(e,t)\}$ 是 P 到 E 的一个关系。显然存在关系服务端口 s 与请求端口 a 形成的有序偶(a,s)就是端口 a 到 s 的语义关系。

构件的语义描述了服务接口与请求接口之间存在语义关联，并没有刻画接口成员——端口之间的语义时序或逻辑的协议关系。例如，请求端口 a 和 b 必须同时满足才能导致服务端口 s，请求端口 b 和 d 其中一个满足就可以导致服务端口 q，这两者的协议关系是完全不同的。服务端口与请求端口之间的语义协议关系，可以由不同的协议关系项来表示。由构件组成的软件系统，必然存在只有服务端口而没有请求端口的构件，同样也存在只有请求端口而没有服务端口的构件。由此可以得出定义 3.2。

定义 3.2(语义协议关系)　构件服务端口与请求端口之间的语义协议关系由它们的语义协议关系项来确定，语义协议关系项是下列关系中的一种：

(1) 产生关系　构件 C 的服务端口 p 不需要任何请求端口就可以提供或引发，记为 $0\tau \to p$，称为 τ 关系；

（2）结束关系　构件 C 的请求端口 a 都不会引发或提供任何服务端口，记为 $\sigma a \to 0$，称为 σ 关系；

（3）对应关系　构件 C 满足请求端口 a 才可以引发或提供服务端口 p，记为 $a\theta 0 \to p$，称为 θ 关系；

（4）选择关系　构件 C 需要满足请求端口 a 和 b 的其中之一或全部，才能引发或提供服务端口 p，记为 $a \sqcup b \to p$，称为$\sqcup$关系；

（5）互斥关系　构件 C 在请求端口 a 和 b 之间，端口 a 被导入则端口 b 不能被导入，或者端口 b 被导入则端口 a 不能被导入，才引发或提供服务端口 p，记为 $a \oplus b \to p$，称为$\oplus$关系；

（6）并发关系　构件 C 需要请求端口 a 和 b 都得到满足，才能引发或提供服务端口 p，记为 $a \sqcap b \to p$，称为$\sqcap$关系；

（7）顺序关系　构件 C 只有请求端口 a 被导入并处理完成以后，端口 b 才能被导入并进行处理，而引发或提供服务端口 p，记为 $a \infty b \to p$，称为∞ 关系。

定义3.2中0表示空端口。从定义3.2上看，不同语义协议关系项具有语义强弱之分，显然$(\theta \approx \infty \approx \sqcap) > (\sqcup \approx \oplus)$。

在图3.1中的构件 C，e 和 t 之间存在对应关系，a，b 与 s 之间，b，d 与 q 之间可能存在选择关系、并发关系、互斥关系或顺序关系。

根据定义3.1和定义3.2，可得构件语义协议关系项具有以下运算性质：

（1）$(a \sqcup b) \sqcup c = a \sqcup b \sqcup c = a \sqcup (b \sqcup c)$；

（2）$(a \sqcap b) \sqcap c = a \sqcap b \sqcap c = a \sqcap (b \sqcap c)$；

（3）$(a \oplus b) \oplus c = a \oplus b \oplus c = a \oplus (b \oplus c)$；

（4）$(a \sqcup b) \sqcap c = (a \sqcap c) \sqcup (b \sqcap c)$；

（5）$(a \oplus b) \sqcap c = (a \sqcap c) \oplus (b \sqcap c)$；

（6）$(a \oplus b) \sqcup c = (a \sqcup c) \oplus (b \sqcup c)$；

（7）$(a \oplus b) \infty c = (a \infty c) \oplus (b \infty c)$。

构件语义协议关系项的运算性质表现了构件的请求端口和服务端口时序逻辑性质。在大型网构软件中，可以通过较简单语义协议关系，采用上述的运算性质，从而揭示复杂的构件请求端口和服务端口关系，或者构件之间复杂的请求端口和服务端口关系可以通过较简单语义协议关系，为构建网构软件相关语义关系矩阵奠定技术基础。

3.2.2 构件之间语义关系

由构件组成的软件系统,构件与构件是通过接口(连接件)实现功能(服务)的交互,因此具有功能交互的构件之间就发生语义关联。

定义 3.3(构件之间的语义关系) 存在构件 C_1 和 C_2,如果满足:

①$s_1 \in C_1 \cdot P$;

②$e_2 \in C_2 \cdot E$;

③$s_1 = e_2$,

则称构件 C_1 到 C_2 具有直接语义关系。

构件之间的直接语义关系如图 3.2 所示。

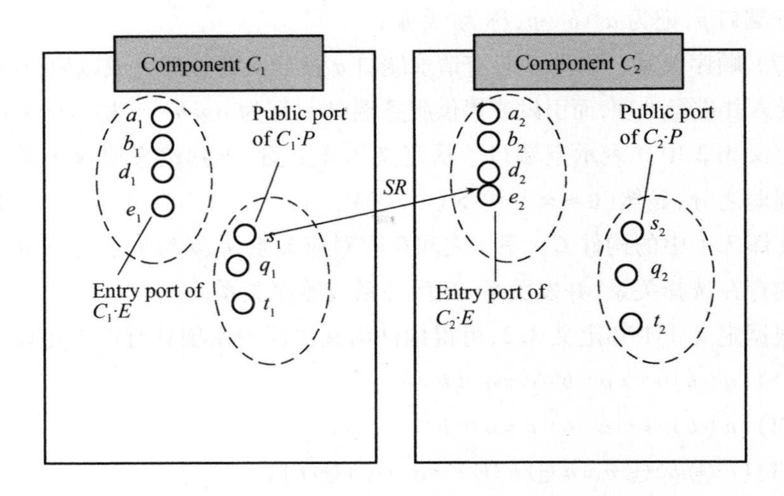

图 3.2 构件之间的直接语义关系示意图

存在构件 C_1,C_2 和 C_3,如果满足:

①$s_1 \in C_1 \cdot P, e_3 \in C_3 \cdot E$;

②$q_2 \in C_2 \cdot P,\ d_2 \in C_2 \cdot E$;

③$s_1 = d_2, d_2 = e_3$;

④q_2 和 d_2 之间存在对应关系、选择关系、并发关系、互斥关系或和顺序关系,则称构件 C_1 到 C_3 具有间接语义关系。

构件之间的间接语义关系如图 3.3 所示。

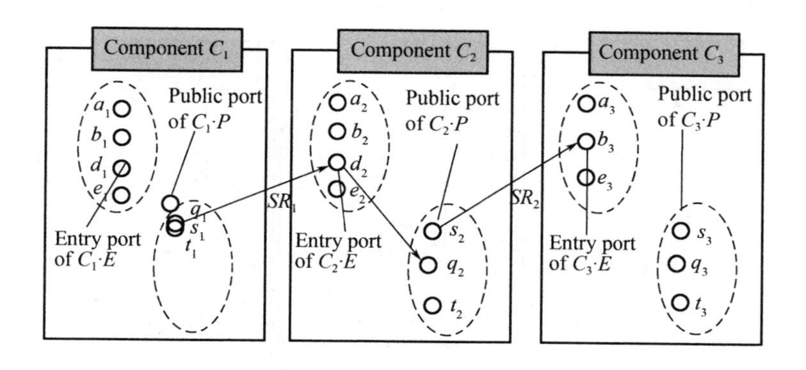

图 3.3　构件之间的间接语义关系示意图

构件之间的直接语义关系和间接语义关系统称为构件之间的语义关系，记为 SR。

由定义 3.3 可知，当一个构件向外提供的功能成为另一个构件请求输入的功能时，这两个构件具有直接语义关联，如图 3.3 中构件 C_1 和 C_2 具有直接语义关系，构件 C_1 和 C_3 具有间接语义关系。构件之间的语义关系具有方向性，则图 3.3 中有 $SR_1 = < C_1, C_2 >$，$SR_2 = < C_2, C_3 >$。为了方便，将 SR_1 记为 $C_1 \xrightarrow{SR_1} C_2$，同时称构件 C_1 为 SR_1 的射出构件，C_2 为 SR_1 的射入构件，C_1 和 C_2 为结点构件（简称结点），C_1 为 C_2 的前驱，C_2 为 C_1 的后继，$\xrightarrow{SR_1}$ 为弧，它是 C_1 的射出弧，也是 C_2 的射入弧。

3.2.3　SA 语义关系

SA 被认为是组成系统的构件以及构件与构件之间交互作用关系（连接件）的高层抽象[3,81,82]，连接件承载构件之间的语义关系，因此可以采用构件之间语义关系 SR 表示连接件。SA 语义关系如图 3.4 所示。

根据构件语义定义和构件之间语义关系定义，对于图 3.4 中的 C_3，如果有 $a_3 \sqcap b_3 \rightarrow s_3$，则构件之间语义关系 SR_1，SR_2 和 SR_3 就有 $SR_1 \sqcap SR_3 \rightarrow SR_2$。因此构件之间语义关系的时序逻辑性可以通过语义协议关系项来表示。

在 SA 中，并非所有的构件语义都对 SA 的功能（语义）产生作用，如图 3.4 中 $(d_3, u_3) \in SC_3$，但是它对该 SA 并没有产生作用。因此有定义 3.4。

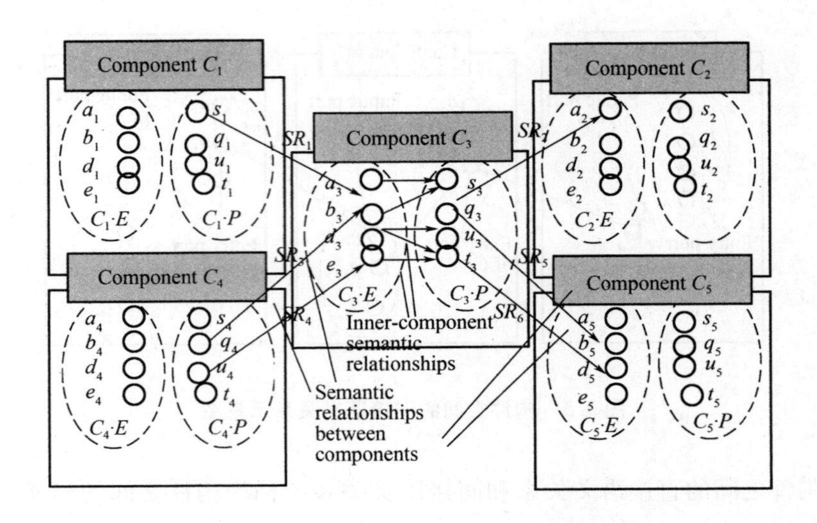

图 3.4 SA 语义关系示意图

定义 3.4(SA 语义关系) SA 语义关系 SS 是 SA 中产生作用的构件语义 SC 和构件之间语义关系 SR 的总和。

由于构件语义表象为构件内部服务端口和请求端口之间的关联，而构件之间语义关系是构件之间通过端口产生的关系，因此具有定理 3.1。

定理 3.1 在构件 C 中，如果 $(a,b) \in SC$，则 $(a,b) \in SS$ 的充要条件是 $\forall SR_1 = <C_1, C_2>$，$\forall SR_2 = <C_2, C_3> \in SR$，使 $a \in C_2 \cdot E$，$b \in C_2 \cdot P$，$a \in SR_1$，$b \in SR_2$。

证明：

充分性 如果 $a \in C_2 \cdot E$，$b \in C_2 \cdot P$，并且 $(a,b) \in SC$，由于 $a \in SR_1$ 并且 $SR_1 = <C_1, C_2>$，根据定义 3.3，SR_1 必然是通过 a 射入构件 C_2；同样，$b \in SR_2$，$SR_2 = <C_2, C_3>$，SR_1 必然是通过 b 射出构件 C_2。因此，根据定义 3.4，(a,b) 必然对 SA 产生作用。得证。

必要性 如果 $(a,b) \in SC$，并且 $(a,b) \in SS$，那么必然存在 SR_i，使 $a \in SR_i$，并且 $SR_i \in SS$，同时存在 SR_j，使 $b \in SR_j$，并且 $SR_j \in SS$，又因为 $(a,b) \in SC$，则必然有 $a \in C_i \cdot E$，$b \in C_i \cdot P$，因此 $SR_i \neq SR_j$，同时必然 SR_i 通过 a 射入构件 C_i，S_j 通过 b 射出构件 C_i。得证。

在 SA 中，构件可以通过构件语义和构件之间语义关系传播它的影响进而影响到整个体系结构，为了说明构件对 SA 的影响，给出了构件之间语义可达性定义。

定义 3.5（构件之间语义可达性）　构件 C_i到 C_j是语义可达的，则在构件 C_i和 C_j之间，$\exists SR_i = < C_i, C_{i+1} >, SR_{i+1} = < C_{i+1}, C_{i+2} >, \cdots, SR_n = < C_n, C_{n+1} > \in SS$，并且 $\exists SC_{i+1} = (a_{i+1}, b_{i+1}), SC_{i+2} = (a_{i+2}, b_{i+2}), \cdots, SC_n = (a_n, b_n) \in SS, i > 0$，使得：

① $(a_{i+1} \in SR_i \wedge b_{i+1} \in SR_{i+1} \wedge a_{i+1} \in C_{i+1} \cdot E \wedge b_{i+1} \in C_{i+1} \cdot P)$；

② $(a_{i+2} \in SR_{i+1} \wedge b_{i+2} \in SR_{i+2} \wedge a_{i+2} \in C_{i+2} \cdot E \wedge b_{i+2} \in C_{i+2} \cdot P)$；

③ ……

④ $(a_n \in SR_{n-1} \wedge b_n \in SR_n \wedge a_n \in C_n \cdot E \wedge b_n \in C_n \cdot P)$。

构件之间语义可达性说明了一个构件是否能够通过 SA 语义关系影响到另外一个构件，存在直接语义关系的两个构件是语义可达。但是不存在语义关系的两个构件之间也有可能是语义可达的，图 3.4 中 C_1到 C_2、C_4到 C_2和 C_4到 C_5是语义可达，C_1到 C_5是语义不可达。因此，如果两个构件之间不存在直接语义关系，但存在语义可达性，则认为这两个构件之间存在间接语义关系，同时认为语义可达的两个构件是相关的，否则是无关的。如果不特别说明，在本书中，构件之间语义关系指构件之间直接语义关系，构件之间间接语义关系指不具有直接语义关系而语义可达的关系。根据 SA 语义关系定义，可以给出推论 3.1。

推论 3.1　在 SA 语义关系模型中，构件之间语义关系具有传递性。

3.3　SA 语义关系矩阵及语义关系链矩阵

软件的功能与属性表现为构件本身以及构件之间语义关系的总和。由此，根据 SA 语义关系模型所表现出来的构件之间的语义关系，可以构建 SA 语义关系矩阵。

3.3.1　SA 语义关系矩阵

在描述 SA 语义关系中，从构件之间直接语义关系和构件之间间接语义关系的角度,可以给出 SA 语义关系矩阵。

定义 3.6(SA 语义关系矩阵) 在 SA 中,如果有 $\boldsymbol{M}_S = [C_i \xrightarrow{SR_i} C_j] = [<C_i, C_j>]$, $i,j = 1,2,\cdots,n$,并且

$$<C_i, C_j> = \begin{cases} 1, \text{当 } C_i \text{ 和 } C_j \text{ 存在语义关系时} \\ 0, \text{当 } C_i \text{ 和 } C_j \text{ 不存在语义关系时} \end{cases}$$

则称 $\boldsymbol{M}_S$ 为 SA 的语义关系矩阵。

图 3.4 中对应的 SA 语义关系矩阵为

$$\boldsymbol{M}_S = \begin{bmatrix} 1 & 0 & 0 & 0 & 0 \\ 1 & 1 & 1 & 1 & 0 \\ 1 & 0 & 1 & 1 & 0 \\ 0 & 0 & 0 & 1 & 0 \\ 0 & 0 & 1 & 1 & 1 \end{bmatrix}$$

为了衡量 SA 中构件之间产生语义关系的多少,引入了 SA 语义关系指数的概念。

定义 3.7(SA 语义关系指数) 语义矩阵 $\boldsymbol{M}_S$ 的元素之和与 $\boldsymbol{M}_S$ 的行(列)数之比为

$$I_{SR} = \frac{\text{the sum of } \boldsymbol{M}_S \text{ element}}{\text{number of components}} = \frac{\sum El_i}{n} \tag{3.1}$$

图 3.4 中 SA 语义关系指数为 $I_{SR} = 12/5 = 2.4$。SA 语义关系指数是衡量 SA 中构件内部以及构件之间产生语义关系数值大小的变量。

3.3.2 SA 语义关系链矩阵

SA 语义关系矩阵描述了 SA 中的构件是否存在语义关系,而并没有描述 SA 中的构件之间的语义关系是如何产生作用的,因此引入了 SA 语义关系链矩阵。

根据构件之间语义关系具有的传递性特点,可以将构件之间语义可达性组织成语义关系链路,图 3.4 中 SA 语义关系可以组织成多条语义关系链路,分别为 $C_1 \xrightarrow{SR_1} C_3 \xrightarrow{SR_2} C_2$, $C_4 \xrightarrow{SR_3} C_3 \xrightarrow{SR_2} C_2$, $C_4 \xrightarrow{SR_4} C_3 \xrightarrow{SR_6} C_5$ 和 $C_3 \xrightarrow{SR_5} C_5$,下面给出语义关系链的定义。

定义 3.8(SA 语义关系链) SA 语义关系链表示为 $RL = \{\mathbb{C}, SR\}$,其中

$SR = \{SR_i \mid SR_i \in SRs, 1 \leqslant i \leqslant n, n \geqslant 0\}$，$\mathbb{C} = \{C_i \mid C_i \in Cs \wedge C_i \in SR, 1 \leqslant i \leqslant n, n \geqslant 0\}$，并且满足：

（1）存在唯一的结点使得它的射出弧和射入弧之间存在 τ 关系，即为语义关系链的头结点；

（2）存在唯一的结点使得它的射出弧和射入弧之间存在 σ 关系，即为语义关系链的尾结点；

（3）除了头结点和尾结点，其他每个结点都有唯一的前驱和后继，并且结点的射出弧和射入弧之间存在除 τ 和 σ 以外的语义协议关系项中的一种。

根据定义 3.8，对 $\forall C_i \in RL$，C 不是 RL 中的构件，如果 C 和 C_i 没有语义关系，则称构件 C 与关系链 RL 无关，记作 $C // RL$。可以将 SA 中包含的多个语义关系链组合起来形成矩阵。

定义 3.9（语义关系链构件矩阵）　构造一个矩阵，将一条语义关系链 RL 的构件 C_i 按照先后顺序组成矩阵同一列，其他语义关系链的构件依次构成其他列，以构件最多的语义关系链为基准（n），不足 n 个构件的语义关系链所形成列的空位置补充空构件（$NULL$），这样组成一个 $n \times m$ 的语义关系链构件矩阵 $\boldsymbol{M}_{RV}$。

根据定义 3.9，图 3.4 所对应的语义关系链构件矩阵为

$$\boldsymbol{M}_{RV} = \begin{bmatrix} C_1 & C_4 & C_4 & C_3 \\ C_3 & C_3 & C_3 & C_5 \\ C_2 & C_2 & C_5 & N \end{bmatrix}$$

定义 3.10（语义关系链矩阵）　将一条语义关系链 RL 的构件语义关系 SR_i 按照先后顺序组成矩阵同一列，其他语义关系链的语义关系依次构成其他列，以构件语义关系最多的语义关系链为标准（$n-1$），不足 $n-1$ 列的空位置补充 0，则构成一个 $(n-1) \times m$ 的语义关系链矩阵 $\boldsymbol{M}_{RI}$，m 是 SA 的关系链的条数。

根据定义 3.10，图 3.4 所对应语义关系链矩阵为

$$\boldsymbol{M}_{RI} = \begin{bmatrix} SR_1 & SR_3 & SR_4 & SR_5 \\ SR_2 & SR_2 & SR_6 & 0 \end{bmatrix}$$

空构件（$NULL$）与任意语义关系链无关，对任意 RL_i，都有 $NULL // RL_i$。

如果两条语义关系链上的构件都不产生语义关系，则这两条语义关系链无关，否则相关。

定义 3.11(语义关系链无关) 语义关系链 RL_i 和 RL_j 无关,如果 $\forall SR_i$ 和 $\forall SR_i$,使 $(SR_i \in RL_i \wedge SR_i \notin RL_j) \wedge (SR_j \in RL_j \wedge SR_j \notin RL_i)$ 成立,则记作 $RL_i // RL_j$,同时有 $SR_i // RL_j$,$SR_j // RL_i$。

定义 3.12(语义关系链相关) 语义关系链 RL_1 和 RL_2 相关,如果 $\exists SR_i$,使 $SR_i \in RL_1 \wedge SR_i \in RL_2$ 成立,则把所有这样的 SR 集合记作 $S_{12} = RL_1 \cap RL_2$。

从上述定义上看,如果两条语义关系链相关,则这两条语义关系链必然通过同一个构件发生关系,则该构件的射出弧或射入弧不是唯一,可将构件 C_i 的射出弧集合记为 SO_i,射入弧集合记为 SI_i。

由于构件之间语义关系的时序逻辑性可以用语义协议关系项来表示,而不同的语义协议关系项具有强弱之分,因此,可以给出语义关系链相关度和语义关系链矩阵相关性定义。

定义 3.13(语义关系链相关度) 如果 $S_{12} = RL_1 \wedge RL_2 \neq \varnothing$,$SR_i \in S_{12}$,$C_i$ 为 SR_i 的射出构件,如果 $\forall SR_j \in SI_i$ 并且 $SR_j \in RL_1$,$\forall SR_k \in SI_i$ 并且 $SR_k \in RL_2$,使 $SR_j @ SR_k \rightarrow SR_i$,此时如果有 $@ \in \{\sqcap, \infty, \theta\}$,则称 RL_1 和 RL_2 是强相关,如果有 $@ \in \{\sqcup, \oplus\}$,则称 RL_1 和 RL_2 是弱相关。

定义 3.14(语义关系链矩阵相关性) 对于 SA 的 $\boldsymbol{M}_{RV}$ 和 $\boldsymbol{M}_{RI}$,如果 $\forall RL_i$,$\forall RL_j$,有 $RL_i // RL_j$,则称 $\boldsymbol{M}_{RV}$ 和 $\boldsymbol{M}_{RI}$ 为无关矩阵;如果 $\exists RL_i$,$\exists RL_j$,RL_i 和 RL_j 是强相关,则称 $\boldsymbol{M}_{RV}$ 和 $\boldsymbol{M}_{RI}$ 为强相关矩阵;$\exists RL_i$,$\exists RL_j$,使得 RL_i 和 RL_j 是弱相关,同时 $\nexists RL_k$,$\nexists RL_l$,使得 RL_k 和 RL_l 是强相关,则称 $\boldsymbol{M}_{RV}$ 和 $\boldsymbol{M}_{RI}$ 为弱相关矩阵。强相关矩阵和弱相关矩阵统称为相关矩阵。

为了衡量 SA 内部构件之间产生语义关系链的多少,引入了 SA 语义关系链指数的概念。

定义 3.15(SA 语义关系链指数) $\boldsymbol{M}_{RV}$ 的语义关系链条数总和与 SA 包含的构件个数之比为

$$I_{SRL} = \frac{\text{total semantic relationship links}}{\text{number of components}} = \frac{\sum SRL_i}{n} \tag{3.2}$$

SA 语义关系链指数可衡量 SA 中构件组成的语义关系链数值大小。根据语义关系链矩阵相关性定义,有定理 3.2。

定理 3.2 在无关矩阵 $\boldsymbol{M}_{RV}$ 中,任意两个元素 C_{ij} 和 $C_{kl}(j \neq l)$ 都无关。

证明:在 $\boldsymbol{M}_{RV}$ 中,假设存在两个构件 C_{ij} 和 $C_{kl}(j \neq l)$ 具有语义相关性。根

据定义3.9和定义3.10,有 $C_{ij} \in RL_j$, $C_{kl} \in RL_l$, $RL_j \neq RL_l$;根据定义3.14,如果 $j \neq l$,则 $RL_j // RL_l$,与 $\boldsymbol{M}_{RV}$ 相关性定义矛盾,证毕。

定理3.3　在无关矩阵 $\boldsymbol{M}_{RI}$ 中,任意两个 RL_i 和 RL_j 无关,有 $SR_{ij} = \varnothing$。

定理3.3的证明同定理3.2,根据定理3.2和3.3,可以得到定理3.4。

定理3.4　在相关矩阵 $\boldsymbol{M}_{RV}$ 和 $\boldsymbol{M}_{RI}$ 中,存在 SR_k, C_h, RL_i 和 RL_j,使 $SR_k \in RL_i \wedge SR_k \in RL_j \wedge C_h \in RL_i \wedge C_h \in RL_j (j \neq i)$ 成立。

证明:在 $\boldsymbol{M}_{RV}$ 和 $\boldsymbol{M}_{RI}$ 中

① 假设对于任意 SR,使 $SR \in RL_i \wedge SR \notin RL_j (j \neq i)$ 为真,根据定义3.11,有 $RL_i // RL_j$;

② 假设对于任意 C,使 $C \in RL_i \wedge C \notin RL_j (j \neq i)$ 为真,根据定义3.8,有 $C // RL_j$,再根据定义3.9,可知 $RL_i // RL_j$。

根据①②以及定义3.10和定义3.11,$\boldsymbol{M}_{RV}$ 和 $\boldsymbol{M}_{RI}$ 为无关矩阵,矛盾。

证毕。

定理3.2和3.3说明SA的 $\boldsymbol{M}_{RV}$ 和 $\boldsymbol{M}_{RI}$ 是无关矩阵,则不同语义关系链上的构件和 SR 不会产生关系。定理3.3说明SA的 $\boldsymbol{M}_{RV}$ 和 $\boldsymbol{M}_{RI}$ 是相关矩阵,则不同语义关系链上的构件和 SR 可能会产生关系。

3.4　SA语义演化操作与分析

SA静态演化操作主要有SA语义关系和构件的增加、删除、修改、合并和拆分[83]等。

软件系统的SA演化的波及效应表现为变化的语义关系和构件与其存在直接或间接语义关联的语义关系和构件的修改、组合和归整[83]。根据定理3.1及其推论,构件之间语义关系具有传递性,所以当某一构件或语义关系发生变化时,它通过SA语义关系的传播而引起波及效应,这个波及效应可以通过SA中构件之间语义关系的可达特性来确定,因此,能够从SA的相关矩阵来界定受其影响或波及的范围。这里首先给出两个定义。

定义3.16(语义关系链波及效应指数 $\boldsymbol{\delta_L}$)　当SA中构件 C 发生变化时,与之产生语义关系并受到影响语义关系链的数量。

定义3.17(语义关系构件波及效应指数 $\boldsymbol{\delta_C}$)　当SA中构件 C 发生变化

时,与之产生语义关系并受到影响构件的数量。

根据定理3.2和3.3,如果SA的$\boldsymbol{M}_{RV}$和$\boldsymbol{M}_{RI}$是无关矩阵,对任意语义关系链上的任意位置上的语义关系和构件修改、删除、增加、合并和拆分,都仅仅影响到该位置之后的构件。如果SA的$\boldsymbol{M}_{RV}$和$\boldsymbol{M}_{RI}$是相关矩阵,则对构件的演化操作不仅影响该构件所在的语义关系链的其他构件,而且可能影响到与该语义关系链相关的其他语义关系链上的构件,根据定理3.4,能够从SA的$\boldsymbol{M}_{RV}$和$\boldsymbol{M}_{RI}$来界定受其影响或波及的其他构件范围。由于具有不同语义协议关系,不同演化操作具有不同的特性,因此分别进行讨论。

1. 具有θ关系的语义关系和构件增加、修改与删除

对具有θ关系的两个语义关系之间的构件进行增加、修改与删除等操作,如图3.5所示。

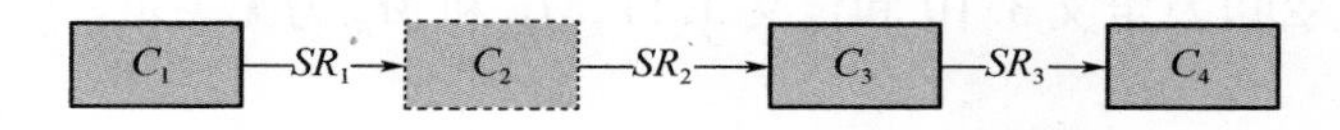

图3.5　具有θ关系的语义关系演化操作

图3.5中,实施不同的演化操作时有:

(1)如果原来SA中,构件C_1到C_3通过SR_1具有θ关系(对应关系),增加构件C_2同时增加语义关系SR_2,使C_1到C_2、C_2到C_3和C_3到C_4具有θ关系;

(2)如果原来SA中,构件C_1到C_2、C_2到C_3和C_3到C_4具有θ关系,删除SR_2和C_2,C_1到C_3通过SR_1具有θ关系;

(3)如果原来SA中,构件C_1到C_2、C_2到C_3和C_3到C_4具有θ关系,修改SR_2和C_2,C_1到C_2、C_2到C_3和C_3到C_4保持θ关系。

这三种演化操作的构件波及效应指数$\delta_C=2$,构件C_3和C_4都要受到影响而需要修改,同时语义关系链波及效应指数$\delta_L=1$,会使SR_3受到影响。

2. 具有⊓,∞,⊔,⊕关系的语义关系和构件增加、修改与删除

对具有⊓,∞,⊔,⊕关系的语义关系之间的构件进行增加、修改与删除等操作,如图3.6所示。

如图3.6所示,假设有$SR_1 @ SR_2 \to SR_4$,$SR_1 @ SR_2 \to SR_5$,$@ \in \{⊓, ∞, ⊔, ⊕\}$,如果增加SR_3和C_4后有$SR_1 @ SR_2 @ SR_3 \to SR_4$,$SR_1 @ SR_2 @ SR_3 \to SR_5$,$@ \in \{⊓, ∞, ⊔, ⊕\}$,则构件波及效应指数$\delta_C$是3,构件$C_5$,$C_6$和$C_7$都要受到影响而需

要修改，同时语义关系链波及效应指数 $\delta_L=2$，SR_4 和 SR_5 都受到影响。

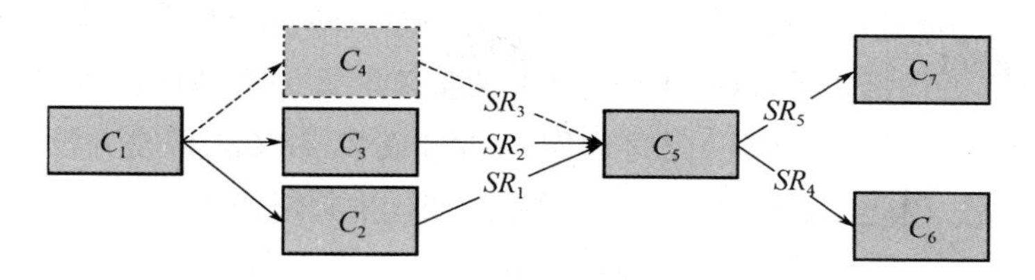

图3.6 具有⊓，∞，⊔，⊕关系的语义关系演化操作

语义关系和构件的修改与增加一样，这里不再叙述。而语义关系的删除比较复杂，在图3.6中，会出现如下三种情形：

(1)如果有 $SR_1 @ SR_2 @ SR_3 \rightarrow SR_4$，$SR_1 @ SR_2 @ SR_3 \rightarrow SR_5$，$@ \in \{\sqcap, \infty\}$，即具有语义强相关，删除 SR_3 和 C_4，则构件波及效应指数 δ_C 是3，构件 C_5，C_6 和 C_7 都要受到影响而需要修改，语义关系链波及效应指数 $\delta_L=2$，SR_4 和 SR_5 都受到影响；

(2)如果有 $SR_1 @ SR_2 @ SR_3 \rightarrow SR_4$，$SR_1 @ SR_2 @ SR_3 \rightarrow SR_5$，$@ \in \{\sqcup, \oplus\}$，即具有语义弱相关，删除 SR_3 和 C_4，则构件波及效应指数 $\delta_C=0$，构件 C_5，C_6 和 C_7 都未受到影响就可以适应 SA 的变化，同时语义关系链波及效应指数 $\delta_L=0$，SR_4 和 SR_5 都可以不受到影响；

(3)如果 SR_1，SR_2 和 SR_3 到 SR_4 和 SR_5 是强相关和弱相关的组合，则删除 SR_3，需要根据语义协议关系项具有的运算性质进行变换，再通过(1)和(2)来分析它的构件波及效应和语义关系链波及效应。

3. 语义关系和构件的合并与拆分

合并操作是将体系结构中的多个构件(语义关系)合并成为一个更大的构件(语义关系)；拆分是将一个构件(语义关系) 拆分成为更小粒度的构件(语义关系)。

语义关系或者构件的合并或拆分，应该是在保持SA原有的功能基础上优化SA，降低SA中语义关系的复杂性。图3.7(a)所示为原始SA语义关系模型，有如下关系：

①$SR_2\theta 0 \rightarrow SR_4$；

②$SR_4\theta 0 \rightarrow SR_7$；

③$SR_1 @ SR_7 \rightarrow SR_5$。

其中，$@\in\{\sqcup,\sqcap,\oplus,\infty\}$。

图3.7(b)是将构件C_2和C_3合并成C_{23}，同时SR_1和SR_6合并成SR_{16}，SR_2和SR_3成为C_{23}的内部关系，这并不改变SA的整体语义关系，但是却降低了SA语义关系的复杂性。图3.7(c)是将构件C_1拆分成C_{11}和C_{16}，但是并没有改变SA的语义关系。因此需要通过SA语义关系的变化来判断合并或拆分的合理性。

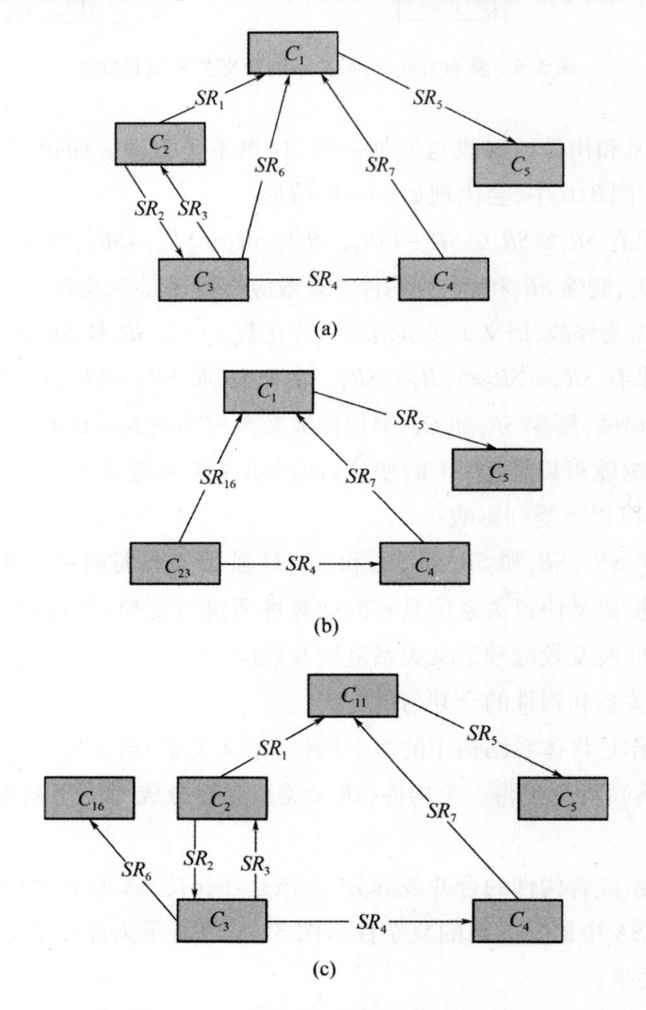

图3.7　语义关系与构件的合并与拆分

(a)原始SA语义关系；(b)构件合并后SA语义关系；(c)构件拆分后SA语义关系

语义关系或者构件的合并或拆分的合理性判断可以通过SA语义关系指数I_{SR}和SA语义关系链指数I_{SRL}来衡量。需要构建SA合并或拆分前后的$\boldsymbol{M}_S$和$\boldsymbol{M}_{RV}$，图3.7(a)中SA的$\boldsymbol{M}_S$和$\boldsymbol{M}_{RV}$分别为

$$\boldsymbol{M}_S = \begin{bmatrix} 1 & 1 & 1 & 1 & 0 \\ 0 & 1 & 1 & 0 & 0 \\ 0 & 1 & 1 & 0 & 0 \\ 0 & 1 & 1 & 1 & 0 \\ 1 & 1 & 1 & 1 & 1 \end{bmatrix}$$

$$\boldsymbol{M}_{RV} = \begin{bmatrix} C_2 & C_2 & C_3 & C_3 \\ C_1 & C_3 & C_2 & C_1 \\ C_5 & C_4 & N & N \\ N & C_1 & N & N \\ N & C_5 & N & N \end{bmatrix}$$

语义关系和构件合并成为图3.7(b)后，SA的$\boldsymbol{M}_S$和$\boldsymbol{M}_{RV}$分别为

$$\boldsymbol{M}_S = \begin{bmatrix} 1 & 1 & 1 & 0 \\ 0 & 1 & 0 & 0 \\ 0 & 1 & 1 & 0 \\ 1 & 1 & 1 & 1 \end{bmatrix}$$

$$\boldsymbol{M}_{RV} = \begin{bmatrix} C_{23} & C_{23} \\ C_1 & C_4 \\ C_5 & C_1 \\ N & C_5 \end{bmatrix}$$

合并后的SA语义关系指数为$I_{SR}=10/4=2.5$，SA语义关系链指数为$I_{SRL}=2/4=0.5$。而未合并前这两项指数分别为$I_{SR}=16/5=3.2$，$I_{SRL}=4/5=0.8$。因此，认为这个合并是合理的。

语义关系和构件拆分成为图3.7(c)后，SA的$\boldsymbol{M}_S$和$\boldsymbol{M}_{RV}$分别为

$$
\boldsymbol{M}_S = \begin{bmatrix} 1 & 1 & 1 & 1 & 0 & 0 \\ 0 & 1 & 1 & 0 & 0 & 0 \\ 0 & 1 & 1 & 0 & 0 & 0 \\ 0 & 1 & 1 & 1 & 0 & 0 \\ 1 & 1 & 1 & 1 & 1 & 0 \\ 0 & 0 & 1 & 0 & 0 & 1 \end{bmatrix}
$$

$$
\boldsymbol{M}_{RV} = \begin{bmatrix} C_2 & C_2 & C_3 & C_3 \\ C_1 & C_3 & C_2 & C_6 \\ C_5 & C_4 & N & N \\ N & C_1 & N & N \\ N & C_5 & N & N \end{bmatrix}
$$

拆分后的 SA 语义关系指数为 $I_{SR}=18/6=3$，SA 语义关系链指数为 $I_{SRL}=4/6=0.67$。因此，也可以认为这个拆分是合理的。

3.5　实例与分析

从 3.4 节的分析上看，具有$\sqcap$，∞，$\sqcup$，$\oplus$关系的语义关系和构件增加、修改与删除的演化操作比较复杂，语义强相关和弱相关对 δ_L 和 δ_C 的影响完全不同，因此在下一章中针对这种情况进行专门讨论，这里首先给出具有 θ 关系的语义关系和构件增加、修改与删除的演化情况同语义关系与构件的合并以及拆分的实例说明。

旅行计划（TravelPlan）服务项目是由多个合作伙伴（构件）组成的系统，一共由 9 个具有自主性的构件组成（图 3.8）。旅行计划服务能够根据不同用户的旅游需求构建适宜的软件联盟，具有协同性、反应性和多态性，同时组成旅行计划服务的各个构件通过接口语义实现交互，具有网构软件及其演化的大多数的行为和属性。

旅行计划服务中各个构件提供各种服务，如火车或汽车票预订、航班预订、酒店预订以及银行交易等服务。它首先获取客户的旅游目的地、旅游路径、旅行景点以及旅行预算等，为其安排一个旅行计划。TravelPlan 为用户提供目的地查询并在确定目的地后，进行预定车票（火车、汽车和飞机）、预定旅馆、设计旅游路线和租赁汽车（旅游所在的城市），最后进行结算和付款。TravelPlan 服务是由 9 个已有服务构件组合而成的，结构如图 3.8 所示。各个服务构件功能如下：

（1）C_1根据用户需求选择和确定旅行的目的地；

（2）C_2预定往返目的地的火车票；

（3）C_3预定往返目的地的汽车票（长途）；

（4）C_4预定往返目的地的飞机票；

（5）C_5设计旅游线路（包括到达旅游景点的时间、门票和途中进餐等）；

（6）C_6在旅游目的地租车等；

（7）C_7根据用户需求预定目的地旅馆；

（8）C_8计算往返费用及旅游途中的总开支；

（9）C_9为客户提供金融服务（特殊支付服务、银行交易和信用卡支付等）。

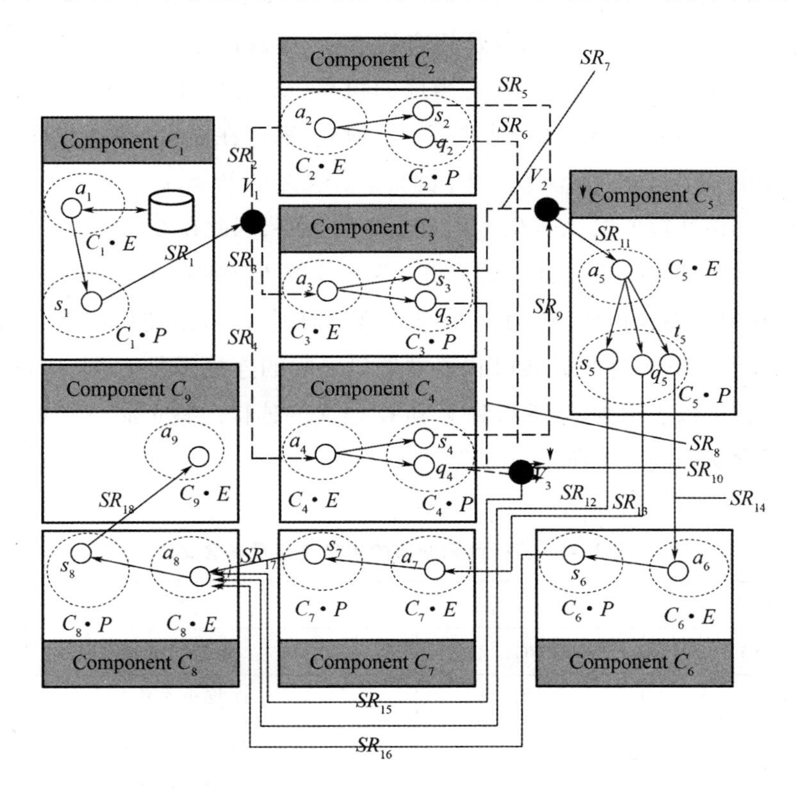

图 3.8　旅行计划服务体系结构示意图

多个构件之间的操作存在着业务关联性，调用时也存在着一定的时序关系[84]。

根据旅行计划服务，C_1为了获取用户需求，需要为用户提供一系列的旅游胜地及其相关介绍（根据用户需求从数据库中查询），以便让用户选择，因此有$a_1 \in C_1 \cdot E$。同时在用户选择目的地后，就可以进行下一步活动，因此有$s_1 \in C_1 \cdot P$。用户在往返旅游目的地有飞机、火车和汽车三种交通方式，需要预定相应的票，因此对于C_2，C_3和C_4，有$a_2 \in C_2 \cdot E$，$a_3 \in C_3 \cdot E$和$a_4 \in C_4 \cdot E$。输入语义是旅游目的地，相应地C_1到C_2、C_1到C_3和C_1到C_4都存在语义关系。如果用户决定选择飞机出游，则在C_4中有两个示出端口$s_4 \in C_4 \cdot P$和$q_4 \in C_4 \cdot P$，其中s_4表示飞机往返旅游目的地的具体日期和时间，q_4是机票金额。C_2和C_3具有和C_4同样的情形。当往返旅游目的地的时间确定以后，就可以通过C_5制定详细的旅游线路以及相应的事项（参观的景点、景点门票和途中吃饭等），然后预订宾馆（C_7）和在当地的租车（C_6）就可以并行进行，此时有$a_5 \in C_5 \cdot E$，同时C_2到C_5、C_3到C_5和C_4到C_5都存在语义关系，并且这些语义必然发生一个。此时$s_5 \in C_5 \cdot P$，表示旅游线路的开支，$q_5 \in C_5 \cdot P$，表示旅游线路上宾馆住宿要求，$t_5 \in C_5 \cdot P$，表示旅游线路，因此在C_5到C_6之间存在语义关系，同样C_5和C_7之间有语义关联。为了能够更清晰地描述构件之间的语义关系，这里采用连接件（记为V，它包含多个连接子v）来连接构件之间的语义关系，假设不同构件服务端口和请求端口之间的连接子是v，则C_1到C_2的语义关系就可以表示为C_1到V_1和V_1到C_2语义的连接。整个旅行计划服务的语义关系含义如表3.1所示。

表3.1　旅行计划服务的语义关系及其含义

序号	语义关系	含义
(1)	SR_1	旅游目的地
(2)	SR_2	选择火车出行
(3)	SR_3	选择长途汽车出行
(4)	SR_4	选择飞机出行
(5)	SR_5	通过火车往返旅游目的地的日期和时间

表 3.1(续)

序号	语义关系	含义
(6)	SR_6	火车票金额
(7)	SR_7	通过长途汽车往返旅游目的地的日期和时间
(8)	SR_8	长途汽车票金额
(9)	SR_9	通过飞机往返旅游目的地的日期和时间
(10)	SR_{10}	飞机票金额
(11)	SR_{11}	返回旅游目的地的日期和时间
(12)	SR_{12}	旅游路线上的开销
(13)	SR_{13}	旅游路线上的住宿要求
(14)	SR_{14}	旅游的具体线路
(15)	SR_{15}	往返旅游目的地的交通费用
(16)	SR_{16}	租车费用
(17)	SR_{17}	住宿宾馆费用
(18)	SR_{18}	付款

图 3.8 中的 SA 中语义关系有:

(1) $SR_1 = SR_2 \oplus SR_3 \oplus SR_4$;

(2) $SR_5 \oplus SR_7 \oplus SR_9 = SR_{11}$;

(3) $SR_6 \oplus SR_8 \oplus SR_{10} = SR_{15}$;

(4) $SR_{15} \sqcap SR_{12} \sqcap SR_{16} \sqcap SR_{17} = SR_{18}$;

(5) $SR_{13}\,\theta\,0 = SR_{17}$。

在图 3.8 中,最长的语义关系链由 5 个 SR 组成,连接 6 个构件,而所有的 SR 组成了 12 条语义关系链,因此 $\boldsymbol{M}_S$ 和 $\boldsymbol{M}_{RV}$ 分别为

$$\boldsymbol{M}_S = \begin{bmatrix} 1 & 0 & 0 & 0 & 0 & 0 & 0 & 0 & 0 \\ 1 & 1 & 0 & 0 & 0 & 0 & 0 & 0 & 0 \\ 1 & 0 & 1 & 0 & 0 & 0 & 0 & 0 & 0 \\ 1 & 0 & 0 & 1 & 0 & 0 & 0 & 0 & 0 \\ 1 & 1 & 1 & 1 & 1 & 0 & 0 & 0 & 0 \\ 1 & 1 & 1 & 1 & 1 & 1 & 0 & 0 & 0 \\ 1 & 1 & 1 & 1 & 1 & 0 & 1 & 0 & 0 \\ 1 & 1 & 1 & 1 & 1 & 1 & 1 & 1 & 0 \\ 1 & 1 & 1 & 1 & 1 & 1 & 1 & 1 & 1 \end{bmatrix}$$

$$
\boldsymbol{M}_{RV}=\begin{bmatrix}
C_1 & C_1 & C_1 & C_1 & C_1 & C_1 & C_1 & C_1 & C_1 & C_1 & C_1 & C_1\\
C_2 & C_2 & C_2 & C_2 & C_3 & C_3 & C_3 & C_3 & C_4 & C_4 & C_4 & C_4\\
C_5 & C_5 & C_5 & C_8 & C_5 & C_5 & C_5 & C_8 & C_5 & C_5 & C_5 & C_8\\
C_6 & C_7 & C_8 & C_9 & C_6 & C_7 & C_8 & C_9 & C_6 & C_7 & C_8 & C_9\\
C_8 & C_8 & C_9 & 0 & C_8 & C_8 & C_9 & 0 & C_8 & C_8 & C_9 & 0\\
C_9 & C_9 & 0 & 0 & C_9 & C_9 & 0 & 0 & C_9 & C_9 & 0 & 0
\end{bmatrix}
$$

在上述的网构软件服务中,设定发生了如下演化。

(1) 飞机、火车和汽车服务组成了联盟,即 C_2,C_3和 C_4进行了合并形成交通联盟,用户同样可以选择任意一种出行方式。

(2) 旅游部门与交通联盟进行业务合作,形成互惠联盟,往返的交通费用(p)达到一定的额度(ε)时,则旅馆、旅游景区门票和租用汽车的费用(q)在原有价格(t)基础上有相应的折扣(f),折扣分为三档,即当 $p\geqslant\varepsilon_1$时,则 $q=t\times f_1$;当 $\varepsilon_1\geqslant p\geqslant\varepsilon_2$,则 $q=t\times f_2$;当 $p\geqslant\varepsilon_3$,则 $q=t\times f_3$。

(3) 在完成计算旅行总费用后,要求增加信用卡付款。

根据上述的演化(1),C_2,C_3和 C_4进行了合并,形成新的构件 C_{10}和体系结构,如图 3.9 所示。图 3.9 中,$a_2\in C_{10}\cdot E$,分别表示旅游目的地;$s_2,q_2\in C_{10}\cdot P$,分别表示返回旅游目的地的具体日期、时间和交通费用。

在演化(2)中,C_8需要根据不同的要求改变旅游总开支计算方法,而 C_8输入和输出语义并没有发生变化,所以该演化操作并不会影响到其他构件。

同样在演化(2)中,需要在 C_9中增加相应的付款方式,并没有输出语义,因此不会影响到别的构件或语义关系。因此,通过上述的分析,可以给出演化后的 $\boldsymbol{M}_S$ 和 $\boldsymbol{M}_{RV}$,分别为

$$
\boldsymbol{M}_S=\begin{bmatrix}
1 & 0 & 0 & 0 & 0 & 0 & 0\\
1 & 1 & 0 & 0 & 0 & 0 & 0\\
1 & 1 & 1 & 0 & 0 & 0 & 0\\
1 & 1 & 1 & 1 & 0 & 0 & 0\\
1 & 1 & 1 & 0 & 1 & 0 & 0\\
1 & 1 & 1 & 1 & 1 & 1 & 0\\
1 & 1 & 1 & 1 & 1 & 1 & 1
\end{bmatrix}
$$

$$
\boldsymbol{M}_{RV} = \begin{bmatrix} C_1 & C_1 & C_1 & C_1 \\ C_{10} & C_{10} & C_{10} & C_{10} \\ C_5 & C_5 & C_5 & C_8 \\ C_6 & C_7 & C_8 & C_9 \\ C_8 & C_8 & C_9 & 0 \\ C_9 & C_9 & 0 & 0 \end{bmatrix}
$$

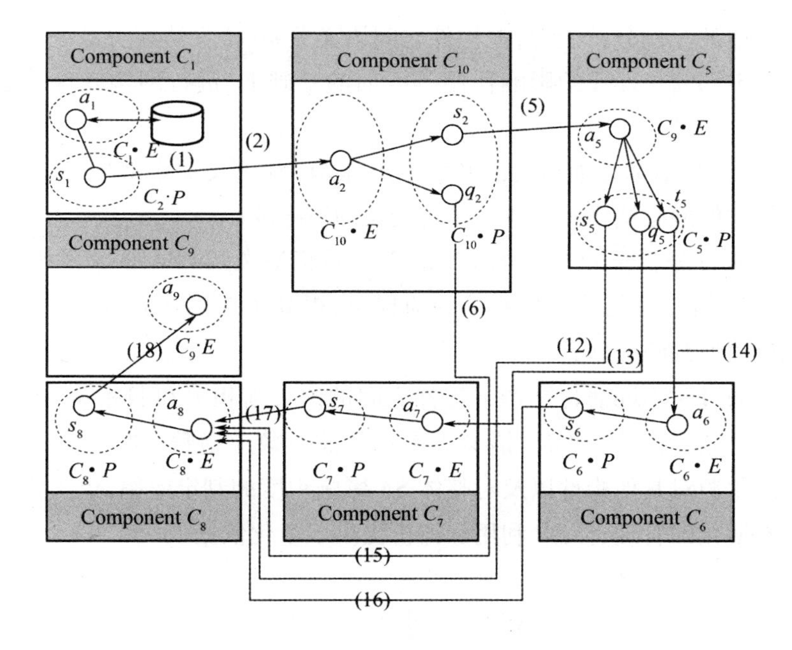

图 3.9　演化后的旅行计划服务体系结构示意图

从演化前和演化后的语义关系及其相关矩阵来看，在演化之前 SA 语义关系指数为 $I_{SR}=41/9=4.56$，SA 语义关系链指数为 $I_{SRL}=12/9=1.33$。而在演化之后 SA 语义关系指数为 $I_{SR}=27/7=3.85$，SA 语义关系链指数为 $I_{SRL}=4/7=0.57$。

通过上述实例与分析，在网构软件演化过程中，从体系结构角度上看，构件之间的关系复杂性尽量小，即构件之间的语义关系应该尽可能简单；从演化操控对体系结构影响程度(波及效应)的角度上看,演化操作尽可能在构件内部实施,尽量减少对其输入语义和输出语义的增加、修改或删除等。从上述的实例,可以看出演化操作(1)对3个构件进行合并,合并后其体系结构的语义关系指数和语义关系链指数有所降低,从而简化了构件之间的语义关系,同时演化操作发生后形成的构件与原来3个构件的输入语义和输出语义是一样的,因此该演化操作并不会对其他构件产生影响;演化操作(2)和(3)只是对构件内部功能实现进行了修改,不涉及输入语义和输出语义的修改,因此不会影响到其他构件。

从上述的实例分析上看,在构件之间语义关系、语义协议关系的强相关和弱相关对不同演化操作的影响作用等方面的基础上,进行网构软件静态演化分析过程中,可以:

(1)通过构造演化前后的语义关系矩阵 $\boldsymbol{M}_S$ 和语义关系链构件矩阵 $\boldsymbol{M}_{RV}$,提高网构软件静态演化关于体系结构变化的清晰度;

(2)通过分析演化前后的 SA 语义关系指数 I_{SR} 和 SA 语义关系链指数 I_{SRL},在满足功能、性能等演化要求的前提下,提高了对网构软件 SA 实施静态演化的合理性判断效率;

(3)通过对不同演化操作下构件之间的语义强相关和弱相关的 δ_L(语义关系链波及效应指数)和 δ_C(语义关系构件波及效应指数)进行分析计算,能够提高演化源对其他构件以及对整体 SA 影响程度的判定效率,也为实现网构软件静态演化的管理、控制、利用和评价提供了量化依据。

3.6 小　结

对软件演化的控制是软件开发者追求的目标之一,而对软件演化进行理解和控制比较复杂和困难[2]。SA 的语义关系总和体现了软件的功能与属性,SA 演化描述了软件功能和属性的变迁。本章将构件本身、构件之间语义关系及时序逻辑性引入到 SA 演化分析中,描述了构件本身及构件之间语义关系,采用语义协议项来表示构件内部和构件之间语义关系的时序逻辑性,将 SA 演化分析建立在构件之间的语义关系及其语义协议关系上,在对 SA 演化分析中,不但考虑构件本身和构件之间的语义关系,而且还考虑了这些语义关系之间的时序逻辑关系。在此基础上，将 SA 中语义关系组成语义关系链，论述了 SA 语义关系矩阵和语义关系链矩阵，并对它们具有的性质进行了分析，从构件波及效应、语义关系波及效应、语义关系指数和语义关系链指数来定量描述和分析 SA 演化操作及其属性，为 SA 演化的管理、控制、利用和评价提供了量化依据，并为实现 SA 演化的自动化处理提供计算的基础和方法。

第4章　基于语义关系的网构软件演化波及效应

在第3章中，根据构件内部和构件之间的语义协议关系，构造了SA语义关系模型、语义关系矩阵和语义关系链矩阵，并对其性质进行了分析，在此基础上对基于体系结构的语义演化操作及其波及效应进行了分析。为了实现对演化波及效应的精确计算，以便实现对网构软件演化进行有效的管理、控制和评价，本章将根据SA语义关系及演化操作的特点，首先论述构件端口语义和端口之间通过方法调用的网构软件语义的形式化描述。在此基础上，探讨了语义关系链波及效应与语义关系构件波及效应算法，同时针对不同语义协议关系项的强弱程度的差异和这些差异与演化操作特性之间的关系，阐述了删除构件语义关系构件波及效应算法，通过实例计算分析，表明从构件之间的语义关系及其语义协议关系的角度，能够较好地对SA演化的进程及其影响进行控制、预测和评价。

4.1　网构软件语义关系链矩阵构建方法

网构软件的组成实体(构件)之间的语义交互通过接口调用实现，从而组成能够满足用户需要的软件联盟。而接口的语义交互是通过端口调用来完成的。从软件演化的角度，基于体系结构的方法要求通过构件端口调用过程来维护显式的体系结构模型，从而能够在该模型的指导下实施演化活动。端口调用是面向体系结构实现过程中的基本动作，它是通过端口的方法调用来实现的。在构件接口描述与交互中，每个功能或服务可以支持或引发多个方法调用，所以功能或服务中的基本动作可以用方法及其返回结果来代表，因此，可以用动作和动作之间的关系来描述端口之间的使用关系。

在第3章中,软件接口分为两类,分别是构件向外界请求的服务和它能够向外界提供的服务,每一类接口由若干端口组成,同时每个端口可对应多个基本动作。网构软件的行为是通过构件之间的端口交互来完成的,行为是语义的具体体现。因此,需要建立构件的形式化端口模型来描述并实现端口之间的调用,从而实现构件之间的语义关系。文献[81]和文献[82]提出了接口自动机描述接口之间的时序关系。为在构件接口层面清晰表达语义时序逻辑关系,本章通过引入端口语义概念,给出基于语义的构件和网构软件的形式化模型。其中,构件之间的语义协议使用基于语义的协议自动机来描述。由于在研究构件的变化对体系结构的波及效应中,主要分析演化源对其他构件的影响关系并确定对体系结构的影响范围,因此采用基于语义的协议自动机的可达图来分析从某个位置实施动作调用时的语义可达关系,从而为演化波及效应的研究提供了良好的形式化基础。

端口调用构成构件系统中的基本动作,在接口描述中,多个端口方法的调用可以由每个构件支持或触发。一般情况下,构件中的基本动作可以用端口方法来代表,构件之间的使用关系(同时也描述了端口之间的语义及其协议关系)可以由端口动作和端口动作之间的调用关系来刻画。所以,本章将基于特征[85]的端口语义概念引入构件接口模型中,以建立构件接口模型以及构件业务逻辑(特征模型)之间的关联关系。

构件接口模型中分别包含服务端口和请求端口两种端口类型,服务端口属于服务接口的成员,而请求端口属于请求接口的成员。服务端口表示构件所能够向外界提供的功能或服务;请求端口表示构件需要向外界请求的功能或服务。这两种端口的功能或服务通过端口语义来表达。下面给出端口语义和端口操作语义的定义[86,87]。

定义4.1(端口语义)　设 p 为构件端口,它的静态语义 $ps(p)$ 用二元组 (a,FValue) 来表示,其中:

$a \in Action$,是端口 p 提供或请求的动作;

FValue 是 a 的刻面[87,88]取值函数,可以表示为 $(facet_1 = term_1, facet_2 = term_2, \cdots, facet_n = term_n)$,其中 $facet_i \in \mathrm{FacetSet}(a)\ (1 \leqslant i \leqslant n)$,并且如果任意 $f \in \mathrm{FacetSet}(a)$,则 $\mathrm{FValue}(f) = a \cdot f$,表示 a 在特征模型中刻面 f 的取值,$\mathrm{Facetset}(a)$ 代表 a 的刻面集。

例如,在第3章旅行计划服务中 C_9 的金融服务构件 Financialservice 具有一个服务端口 Payment,它具有端口语义 < Payment,(HaspayMode = payMode) >,表示它实现了特征模型中的业务动作 Payment。另外,为了表示构件中可选端口语义,可以用特别的刻面值"optional = true"来表示,如旅行计划服务中的金融服务构件 Financialservice 具有一个可选的请求端口 Deliverbill,它的语义表示为 < Deliverbill,(optional = true) >,在特定的交互环境中这个端口用来请求业务动作 Deliverbill。

根据定义4.1,端口语义是一种静态语义,它描述了端口所能提供或所需请求的功能或服务。在特定的交互环境中,端口的静态语义由具体的精化行为动作来表达和实现,即具体的端口操作语义,而端口操作语义是通过端口语义特征刻面取值的变化来获得的。下面给出端口操作语义的定义。

定义4.2(端口操作语义) 设一个端口具有语义 $<a, fv> \in ps$,把在特定的交互环境中端口语义的一个具体行为定义为该端口的操作语义,表示为 $<a', fv'>$,则有(a' rdfs:subClassOf a)和/或 $\exists$ FacetSet(a).($a'.f$ rdfs:subClassOf $a.f$),其中 FacetSet(a) = FacetSet(a')。例如,上面的端口语义 < Payment,(HaspayMode = payMode) > 在运行时具有两种操作语义,它们分别是 < Payment,(HaspayMode = Banktransactions) > 和 < Payment,(HaspayMode = Creditcardpayment) >,表示端口在特征交互环境中的两种具体行为,其中 Banktransactions 和 Creditcardpayment 这两个刻面值,都是 payMode 的精化。

定义4.3(构件端口输入/输出动作) 假设端口为 $p = (a, \text{FValue})$,用 $a.req$ 和 $a.ack$ 来表示构件通过端口 p 与外界交互时接收(请求)或发送(服务)的请求和确认事件,用符号"?"和"!"代表接收(请求)和发送(服务)动作。如果该端口作为服务端口存在,则其输入动作标识为 $a.req?$,即构件通过 $a.req?$ 接收对业务动作 a 的调用,其输出动作标识为 $a.ack!$,即通过 $a.ack!$ 发送返回结果;如果该端口作为请求端口存在,则其输入动作标识为 $a.ack?$,即表示构件通过 $a.req!$ 发送对业务动作 a 的调用,其输出动作标识为 $a.req!$,即通过 $a.ack?$ 接收返回结果。如果将某一构件的请求/服务端口 $p = (a, \text{Fvalue})$ 与另外一个构件的请求/服务端口 $q = (a', \text{Fvalue})$ 进行组合,其中,$(a \equiv a') \vee$ (a' rdfs:subClassOf a),那么这两个构件的交互将通过端口之间的基于业务动作 a 的调用和调用返回操作通道来实现,这个操作通道由 $a.req! \mid a'.req?$ 和

$a'.ack!$ | $a.ack?$ 来构成,可用 $a.req$;和 $a.ack$;来表示,其中的"|"表示为同步操作符。

构件作为组成网构软件的实体,是对软件业务过程及其处理逻辑的封装,采用构件端口的输入/输出业务动作作为构件语义协议的描述单元,对外通过服务端口提供的业务动作来满足用户的需求。

定义 4.4(构件)　构件表示为四元组,即 $C=(id,Pset,Eset,P)$,其中:

id 是构件的标识;

$Pset$ 是构件的服务端口集合,代表构件所提供的功能(服务);

$Eset$ 为构件的请求端口集合,表示构件向外界请求的功能(服务);

P 为构件的行为语义,代表构件内部所实现的功能。

在构件中,由于接口描述中含有时序(协议)的接口行为,但是具体在运行中表现出哪种协议形式,在实施端口调用操作(动作实施)时才确定。这里用基于语义的协议自动机来表示动作的引发协议,然后根据不同的端口行为,根据与其相关的各种语义及其协议关系,将动作映射到基于语义的协议自动机。其中,由构件端口的输入/输出动作来描述基于语义的协议自动机的动作。

定义 4.5(基于语义的协议自动机——*SIA*)　基于语义的协议自动机是一个六元组,即 $SIA=(A_P^{\mathrm{I}},A_P^{\mathrm{O}},A_P^{\mathrm{H}},L,\Gamma_P)$,其中:

A_P^{I} 是构件端口的输入动作集合;

A_P^{O} 是构件端口的输出动作集合;

A_P^{H} 是构件端口的内部动作集合;

L 是位置集合,其中 $\perp \in L$ 是返回位置,$\boxtimes \in L$ 是异常位置;

$\Gamma_P \subseteq (L\backslash\{\perp,\boxtimes\}) \times Term(A) \times L$ 是位置的迁移关系。当 $a^{\mathrm{I}} \in A_P^{\mathrm{I}}, a^{\mathrm{O}} \in A_P^{\mathrm{O}}$ 和 $a^{\mathrm{H}} \in A_P^{\mathrm{H}}$ 时,相应的迁移$(a^{\mathrm{I}},a^{\mathrm{H}},a^{\mathrm{O}})$,可分别称为输入、输出或内部迁移。对于活动 $a \in V_P$,当存在迁移$(a^{\mathrm{I}},a,a^{\mathrm{O}}) \in \Gamma_P, a' \in V_P$,则称 $a \in A_P$ 在此行为语义上是可激活的。Term(A)表示协议关系。

SIA 所有动作的集合为 $A_P=A_P^{\mathrm{I}} \cup A_P^{\mathrm{O}} \cup A_P^{\mathrm{H}}$,$A_P^{\mathrm{I}}$,$A_P^{\mathrm{O}}$ 和 A_P^{H} 两两互不相交,它们由构件端口的输入和输出业务动作组成。设 p 为构件端口,有 $ps(p)=(action,\mathrm{FValue})$,其中 $action \in Action$,为特征模型中的一个业务动作,则端口 p 关于业务动作 $action$ 的请求事件表示为 $action.req$,确认事件表示为$action.ack$,

那么对请求的接收动作(输入动作)表示为 *action. req*!,*action. req*?,确认事件的发送动作(输出动作)表示为 *action. ack*!,*actton. ack*?,构件端口的这些输入和输出动作标记自动机中的所有动作。

在 *SIA* 中,一个位置是可终止的,当且仅当从这个位置出发存在一条以⊥或⊠结尾的路径。

网构软件是由不同的构件组成的,网构软件的语义是由构件内部和构件之间的语义关系组成的,它们共同组成了网构软件的语义及关系,因此根据网构软件的语义关系,可以构建 *SIA* 的可达图。

定义 4.6(*SIA* 的可达图) *SIA* 的可达图用三元组表示,即 $G=(V,T,LA)$,其中:

(1)V 是有穷节点集, *SIA* 中每一个动作 a_i对应于 V 中的一个节点;

(2)T 是有穷的边集, *SIA* 中每一个迁移对应可达图 G 中一条边 $t_i=(a^{\mathrm{I}},a^{\mathrm{H}},a^{\mathrm{O}})$,$a^{\mathrm{H}}$是边上的标记,对应于迁移中的动作 a^{H};

(3)LA 是有穷标记集。

在定义 4.6 中, *SIA* 中的任一动作能够对应到 G 中的一条路径。如果 $\rho=t_0\hat{}t_1\hat{}\cdots\hat{}t_n$是可达图 G 中的一条路径,$t=l_0\hat{}l_1\hat{}\cdots\hat{}l_n$是其相应边上的一个标记序列,则 $a_0\hat{}a_1\hat{}\cdots\hat{}a_n$就是该标记序列对应的动作序列。

对可达图 G 中标记为内部动作 a_i^{H}的边 t,引入中间节点 v'将 t 分割成 t'和 t'',并用 a_i! 和 a_i? 分别进行标记。

如果不终止服务中的端口动作,那么它将会一直引发动作,直至耗尽网构软件的资源,这是不可接受的结果。在 *SIA* 中,一个位置是可终止的,当且仅当这个位置在 *SIA* 的 G 中可终止,并且在这个终止路径上所可能引发的动作,在 G 中对应的位置在 *SIA* 中也是可终止的。

实际上,*SIA* 的可达图是网构软件语义及其协议关系的无死锁、无环路行为图,它推出了构件之间的基于语义及其协议关系的同步操作,显式地给出网构软件中所有可能的构件交互动作(端口调用动作)序列。

在第 3.4 节 SA 语义演化操作与分析中,对具有不同语义协议关系强弱程度的构件进行删除等操作,相应有不同的波及效应,从而决定其他构件是否需要修改。如图 4.1 所示,对于 SR_4和 SR_5,如果 SR_1,SR_2,SR_3之间具有语义弱相关,则删除 SR_3和 C_4,构件波及效应指数 δ_C是 0,构件 C_5,C_6和 C_7皆不会受到影响且可以适应SA的变化。同时语义关系链波及效应指数δ_L是0，SR_4和SR_5都可以不受到影响。

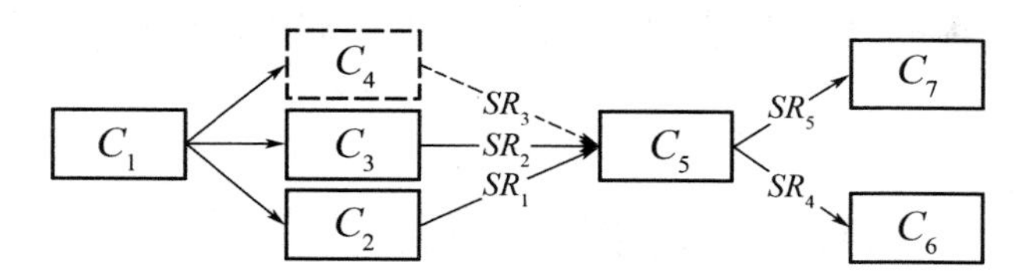

图4.1 具有不同协议关系的语义关系演化操作示意图

从构件之间接口调用关系来说，如果删除SR_3和C_4，则C_2，C_3和C_5之间的接口调用会产生异常，因此需要对不同的异常情况进行不同的处理。

基于语义的协议自动机及其可达图中，通过以下的步骤，可以得到第3章所述的语义关系链构件矩阵和语义关系链矩阵。

(1)基于语义的协议自动机*SIA*从某个动作*a*被触发开始执行一次过程。在一次执行过程中可能会涉及一系列的动作触发，如果*a*是一个在某个构件中成功的动作，则需要用堆栈来记录动作的触发过程；如果*a*是被触发后需要调用其他构件的动作，则需要在堆栈中记录动作的触发过程，用于调用其他构件的端口动作。执行过程从*SIA*中*a*的正常行为的起始位置开始。

(2)如果当前位置*q*在基于语义的协议自动机*SIA*中具有协议项为*term*的迁移，则要求记录*term*项，然后依据它的协议关系所代表的引发方式来调用新动作，相应的动作调用完成并返回后，从迁移的目标位置开始新的迁移。

(3)如果当前位置*q*在基于语义的协议自动机*SIA*中是动作调用的返回位置，则需要进行返回动作。如果返回位置是在某个并发分支中，这时需要根据当前位置所在引发分支的协议项的类型返回相应动作及其标志，从而使本分支正常完成。

(4)如果当前位置*q*在基于语义的协议自动机*SIA*中是异常位置，则说明在执行过程中有异常动作发生，此时也要进行返回。如果异常动作发生在某个并发分支中，则需要根据引发分支的协议项的类型以及分支协议关系的强弱来确定异常操作：①如果异常发生在由具有“$\sqcap$，∞”关系引发的并发分支，则需要立即终止其他分支的动作，此时表示整个过程发生了异常；②如果异常发生在由“$\sqcup$，$\oplus$”关系引发的并发分支，则只有所有的分支都发生异常，才会导致整个过程产生异常，如果在所有的分支中存在一个分支正确返回，则整个过程是成功的。

在上述的步骤中，可达图中的相应边上的序列为集合($l_0,l_1,\cdots,l_n$)，就可以形成语义关系链矩阵，由可达图构造的动作序列中获取相应的语义关系链构件矩阵。

4.2 网构软件语义关系波及效应算法

通过上述基于语义的协议自动机及其可达图的形式化描述，结合第3章SA语义关系、语义关系矩阵和相关的性质，针对不同演化操作特性，需要计算演化操作的波及效应，以便能够对演化操作的影响范围进行预测与控制，因此这里针对不同的演化操作特性探讨了两个关于计算演化波及效应的算法。

4.2.1 增加、修改操作的语义关系波及效应算法

变化的构件通过与之产生语义关系的传播而引起波及效应，这个波及效应可以通过SA中构件之间的语义关系来确定。根据第3章的定理3.2和3.3，如果SA的$\boldsymbol{M}_{RV}$和$\boldsymbol{M}_{RI}$是无关矩阵，则对构件的演化操作仅影响到该构件所在语义关系链的其他构件。如果SA的$\boldsymbol{M}_{RV}$和$\boldsymbol{M}_{RI}$是相关矩阵，则对构件的演化操作不仅影响该构件所在的语义关系链的其他构件，而且可能影响到与该语义关系链相关的其他语义关系链上的构件。根据第3章的定理3.4，能够从SA的$\boldsymbol{M}_{RV}$和$\boldsymbol{M}_{RI}$来界定受其影响或波及的其他构件范围。本节设计计算SA中构件C_i的语义关系链波及效应与语义关系构件波及效应算法。

算法4.1 C_i语义关系链波及效应与语义关系构件波及效应算法描述。

输入：SA的语义关系链相关矩阵$\boldsymbol{M}_{RV}$和SA的构件C_i。

输出：构件C_i的语义关系链波及效应和语义关系构件波及效应。

(1)初始化C_i语义关系链波及效应$l=0$，构件C_i的语义关系构件波及效应$n=0$，参数$i=0,j=0,k=0,ki=0$，关系链的链表为$Line_{RL}$，$Line_{RL}$中每个元素的构件链表数组为$Line[\,|Line_{RL}|\,]$，并为$Line[\,|Line_{RL}|\,]$的每个元素设置一个印记。

(2)在$\boldsymbol{M}_{RV}$中从左至右找到构件C_i的第i个位置，即$C_i\in RL_i$，并确定C_i所在位置，如果找到，则置C_i语义关系链效应数$l=l+1,i=i+1$，进入步骤(3)；

如果找不到,进入步骤(4)。

(3)计算 $n=n+[L(C_n)-L(C_i)]$,$L(C_n)$为C_n构件所在的RL_i位置,RL_i进入$Line_{RL}$,$L(C_i)$进入$Line[Line_{RLi}]$并打上印记1,$L(C_{i+1}),\cdots,L(C_n)$进入$Line[Line_{RLi}]$并打上印记0,重复(2)。

(4)从$Line_{RL}$中取出第j个元素$Line_{RL}[j]$,如果$Line_{RL}[j]=0$,则进入步骤(8),否则进入步骤(5)。

(5)取出$Line[|Line_{RL}|]$对应的第k个元素,获得对应的构件C_k所在的$Line_{RL}[j]$的位置$L(C_k)$,如果C_k是$Line_{RL}[j]$的尾节点,则删除$Line[|Line_{RLj}|]$,并且将$Line_{RL}[j]$从链表中删除,$j=j+1$,重复步骤(4);如果印记为1并且C_k不是$Line_{RL}[j]$的尾节点,则$k=k+1$,重复步骤(5);如果印记为0并且C_k不是$Line_{RL}[j]$尾节点,则进入步骤(6)。

(6)查找对比$Line[|Line_{RLj}|]$的各个元素,如果$Line[|Line_{RLj}|]$不存在$L(C_k)$,则计算$n=n+[L(C_n)-L(C_k)]$,$L(C_k)$进入$Line[Line_{RLj}]$并打上印记1;如果存在$L(C_k)$并且$L(C_k)>L(C_{Line[|LineRL0|]})$,则计算$n=n+[L(C_n)-L(C_k)]$,打上印记1;如果存在$L(C_k)$并且$L(C_k)<L(C_{Line[|LineRL0|]})$,则计算$n=n+[L(C_{Line[|LineRL0|]})-L(C_k)]$,打上印记1,$L(C_{Line[|LineRL0|]})$表示$Line[|Line_{RLj}|]$的第一个元素构件所在的语义关系链的位置;$L(C_{k+1}),\cdots$,$L(C_n)$分别和$Line[Line_{RLj}]$的各个元素相比较,如果不存在,则进入链表并打上印记0,执行下一步;如果存在则直接执行下一步。

(7)在$\boldsymbol{M}_{RV}$中从左至右找到构件C_k的第ki个位置,即$C_{ki}\in RL_{ki}$并确定C_{ki}所在位置,将RL_{ki}和$Line_{RL}$中的元素相比较,如果相等,则$ki=ki+1$,重复步骤(7)直到遍历$\boldsymbol{M}_{RV}$后重复执行步骤(4);如果不等,则置语义关系链效应数$l=l+1$,$ki=ki+1$,计算$n=n+[L(C_n)-L(C_i)]$,RL_{ki}进入链表$Line_{RL}$,$L(C_{ki})$进入$Line[Line_{RLki}]$并打上印记1,$L(C_{ki+1}),\cdots,L(C_n)$进入$Line[Line_{RLki}]$并打上印记0,重复步骤(7)直到遍历$\boldsymbol{M}_{RV}$后重复执行步骤(4)。

(8)算法结束。

算法4.1考虑了SA中具有语义关系构件之间的波及效应,在SA中,如果增加构件或修改构件,可以通过界定其语义关系链波及效应与语义关系构件波及效应来界定演化操作的影响范围。

4.2.2 删除操作的语义关系波及效应算法

然而,算法4.1并没有考虑不同构件之间语义关系的时序逻辑性,即未考虑构件 C_i 的 SO_i 中成员与 SI_i 中成员的语义协议关系。不同语义协议关系对构件删除产生不同影响。图3.4中如果存在 $SR_1 \sqcap SR_3 \rightarrow SR_2$,即对于 SR_2 来说 SR_1 和 SR_3 强相关,则删除构件 C_4,构件 C_2 和 C_3 必然受到影响而需要修改;如果存在 $SR_1 \sqcup SR_3 \rightarrow SR_2$,即对于 SR_2 来说 SR_1 和 SR_3 弱相关,则删除构件 C_4,构件 C_2 和 C_3 就可以不必修改。因此为界定不同的语义关系链的相关度在构件删除中产生的波及效应,而设计了算法4.2。

算法4.2 考虑不同语义协议关系项对删除构件语义关系构件波及效应 δ_{DC}:

(1)根据算法4.1找到在 $\boldsymbol{M}_{RV}$ 中构件 C_i 所在的关系链和相应的位置,初始化 $n=0, l=0$,进入步骤(2)。

(2)根据找到的关系链,在 $\boldsymbol{M}_{RI}$ 中找到相应的列,进行两两对比,判断某个 RL_i 中是否存在于其他 RL_j 相同的元素,即 $SR_k \in RL_i \wedge SR_k \in RL_j (i \neq j)$,如果存在则将这些关系链提取出来形成一个系列$(RL_{h1}, RL_{h2}, \cdots, RL_{hn})$,进入步骤(3);如果不存在,则计算 $n = n + [L(C_n) - L(C_i)]$, $l = l+1$,进入步骤(5)。

(3)在系列$(RL_{h1}, RL_{h2}, \cdots, RL_{hn})$中,对于 C_i 和 $C_k \xrightarrow{SR_k} C_{k+1}$,如果有 $L(C_i) \geqslant L(C_k)$,则在 C_i 所属的关系链中计算 $n = n + [L(C_n) - L(C_i)]$, $l = l+1$,进入步骤(5);否则进入步骤(4)。

(4)如果 SR_{k-1} 和 SR_k 强相关,则计算 $n = n + [L(C_n) - L(C_i)]$, $l = l+1$;否则计算 $n = n + [L(C_k) - L(C_i)]$, $l = l+1$,进入步骤(5)。

(5)算法结束。

应用算法4.1可以界定SA中产生语义关系之间的构件波及效应,用于分析SA中构件增加和构件修改引起SA中其他构件变化的范围。应用算法4.2可以界定不同 SR 的语义协议关系在构件删除中产生的波及效应。

4.3　实例与分析

SA 的演化分析用于界定由于演化操作而引起的波及效应，进而可以预测和分析演化操作可能带来的 SA 变化以及引起其他构件变化的范围等。以某舰艇信息仿真系统为例，说明 SA 演化操作引起 SA 变化及其波及效应。该系统从第一个版本到第二个版本进行了优化和改进，增加接收通信指示信息功能，并对通信指示目标与本舰艇的探测目标信息实现融合，取消 TMA（目标运动分析）人工控制功能，实现人工智能辅助 TMA。将原来的武器类型单独控制功能改为武器综合控制功能以实现综合攻防，同时对武器的回复信息参与效果进行评估。该系统第一版本的 SA 语义关系模型如图 4.2 所示，第二版本的 SA 语义关系模型如图 4.3 所示。

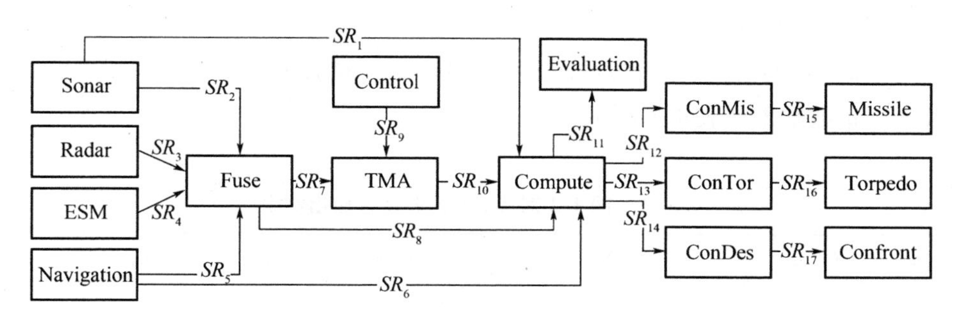

图 4.2　实施演化操作前的 SA 语义关系模型

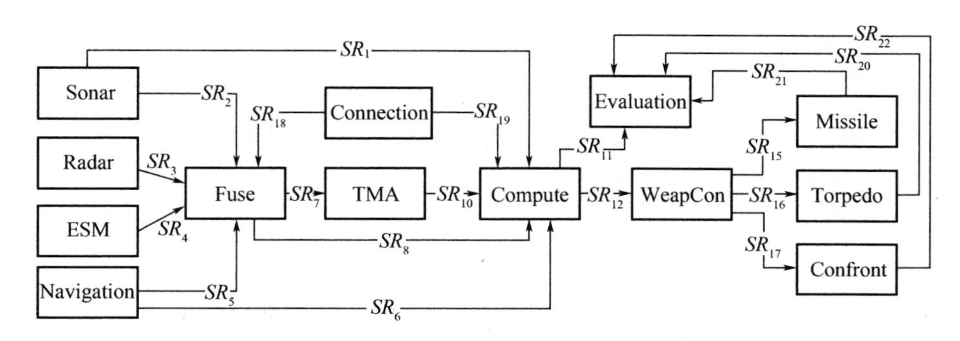

图 4.3　实施演化操作后的 SA 语义关系模型

在实验中，首先建立 V1 和 V2 的语义关系模型 $\boldsymbol{M}_S$，$\boldsymbol{M}_{RV}$和 $\boldsymbol{M}_{RI}$，根据算法 4.1 和算法 4.2 计算相关的波及效应指数，然后分析检测 V1 和 V2 相应构件的代码相似度（*Sim*）。在此基础上，对两个版本的代码进行详细分析，最后对实验结果进行对比分析和总结。

图 4.2 的 SA 中语义关系有：

（1）$SR_{12}\,\theta 0 \rightarrow SR_{15}$；

（2）$(SR_1 \oplus SR_{10} \oplus SR_8) \sqcap SR_6 \rightarrow (SR_{12}, SR_{13}, SR_{14})$；

（3）$(SR_4 \sqcup SR_2) \sqcap SR_5 \rightarrow SR_7$；

（4）$SR_3 \sqcap SR_5 \rightarrow SR_8$；

（5）$SR_{13}\,\theta 0 \rightarrow SR_{16}$；

（6）$SR_7 \infty SR_9 \rightarrow SR_{10}$；

（7）$(SR_1 \sqcup SR_{10} \sqcup SR_8) \sqcap SR_6 \rightarrow SR_{11}$；

（8）$SR_{14}\,\theta 0 \rightarrow SR_{17}$。

根据 SA 的语义关系，构建该 SA 的 $\boldsymbol{M}_S$，$\boldsymbol{M}_{RV}$，$\boldsymbol{M}_{RI}$，根据算法计算相关的波及效应指数结果如表 4.1 所示。

表 4.1　图 4.2 对应 SA 的波及效应指数表

C	δ_L	δ_C	δ_{DC}
Sonar	8	10	0
Radar	4	9	1
ESM	4	10	0
Navigation	12	10	10
Fuse	20	9	8
Contorl	4	9	0
TMA	20	8	7
Compute	32	7	7
ConMis	8	1	1
ConTor	8	1	1
ConDes	8	1	1
Evaluation	8	0	0
Missile	8	0	0
Torpedo	8	0	0
Confront	8	0	0

在进行演化操作以后的 SA 语义关系如图 4.3 所示。

图 4.3 中的 SA 语义关系有：

（1）$SR_7\theta0 \to SR_{10}$；

（2）$(SR_1 \oplus SR_{10} \oplus SR_8 \oplus SR_{19}) \sqcap SR_6 \to SR_{12}$；

（3）$(SR_4 \sqcup SR_2) \sqcap SR_5 \to SR_7$；

（4）$SR_{12}\theta0 \to (SR_{15}, SR_{16}, SR_{17})$；

（5）$(SR_1 \sqcup SR_{10} \sqcup SR_8 \sqcup SR_{19}) \sqcap SR_6 \to SR_{11}$；

（6）$SR_{15}\theta0 \to SR_{21}$；

（7）$(SR_{18} \sqcup SR_3) \sqcap SR_5 \to SR_8$；

（8）$SR_{16}\theta0 \to SR_{20}$；

（9）$SR_{17}\theta0 \to SR_{22}$。

根据 SA 的语义关系，同样构建该 SA 的 $\boldsymbol{M}_S, \boldsymbol{M}_{RV}, \boldsymbol{M}_{RI}$，并计算相关的波及效应指数，结果如表 4.2 所示。

表 4.2　图 4.3 对应 SA 的波及效应指数

C	δ_L	δ_C	δ_{DC}
Sonar	8	8	0
Radar	4	7	0
ESM	4	8	0
Navigation	12	8	8
Fuse	24	7	6
TMA	16	6	5
Compute	36	5	5
Evaluation	9	0	0
Missile	9	1	1
Torpedo	9	1	1
Confront	9	1	1
Connection	8	7	6
WeapCon	9	4	4

在完成上述操作后，对两个版本的 SA 中的构件进行代码相似度分析与检测，结果如表 4.3 所示，表中 ConMis，ConTor 和 ConDes 的相似度分别与 WeapCon 的代码相似性检测结果。

表 4.3　V1 和 V2 不同构件的代码相似度

序号	构件名称	*Sim*/%
1	Fuse	89.3
2	TMA	100
3	Compute	86.8
4	ConMis	59.1
5	ConTor	68.3
6	ConDes	62.7
7	Evaluation	78.6
8	Missile	97.5
9	Torpedo	95.3
10	Confront	96.7

很显然，从第一版本的 SA 到第二版本的 SA，是通过 SA 演化操作得到的。从直观上看，第二版本中增加了 Connection 构件，删除了 Control 构件，将 ConMis，ConTor 和 ConDes 构件合并为 WeapCon 构件，增加了 $SR_{18} \sim SR_{22}$，删除了 SR_9，将原来的 SR_{12}，SR_{13} 和 SR_{14} 合并为现在的 SR_{12}。

下面对实验结果进行分析。

（1）删除 Control 构件，$\delta_{DC}=0$，$\delta_C=9$，V1 和 V2 的 TMA 的代码相似度为 100%，说明算法 4.2 的实验结果与代码相似性检测相吻合。

（2）从 SA 语义关系上，增加 Connection 构件是在原来 SA 的基础上增加两个语义关系（SR_{18} 和 SR_{19}），生成新的语义关系链。因此两个版本的 δ_L，Fuse 由 20 变成 24，Compute 由 32 变成 36，Evaluation，ConMis，ConTor 和 ConDes 由 8 变成 9。Fuse 和 Compute 的代码相似度检测结果分别为 89.3% 和 86.8%。在人工分析代码中，Fuse 对 SR_{18} 进行处理而增加代码，Compute 处理 SR_{19} 而增加

代码，同时对 SR_8 的处理增加并修改部分代码。从实验结果来看，文章算法4.1的实验结果、代码相似度检测结果及人工分析结果相吻合。

(3)在 V2 中，对构件 Missile，Torpedo 和 Confront 的修改，是增加相应输出接口，而构件 Evaluation 则调用这些接口。从 SA 演化上看，是在 Missile，Torpedo 和 Confront 所在的语义关系链尾结点增加了相应的构件(虚拟构件)，而这些虚拟构件合并在构件 Evaluation 中，同时 Evaluation 还需要对 SR_8，SR_{20}，SR_{21} 和 SR_{22} 进行相关处理而增加和修改代码。因此，两个版本 Missile，Torpedo 和 ConDes 的代码相似度非常高，而构件 Evaluation 的代码相似度就比较低(78.6%)。

(4)从实验结果上看，将 ConMis，ConTor 和 ConDes 构件合并为 WeapCon 构件并没有改变 SA 的语义关系链数目，因而也未从语义关系上改变 *SA* 的 $\boldsymbol{M}_{RV}$ 和 $\boldsymbol{M}_{RI}$。但因构件数目减少而改变 SA 的 $\boldsymbol{M}_S$，因此构件合并有利于 SA 优化。构件合并后需要对合并后的代码进行修改，因此构件代码的相似度比较低。

从实验结果及分析来看，从构件及构件之间的语义关系的角度，根据不同 SA 演化操作特性设计的波及效应算法的实验结果、代码相似度检测结果以及人工代码分析结果是相吻合的。

4.4　小　　结

网构软件的组成实体(构件)之间通过接口实现语义交互，而接口的语义交互是通过端口间调用完成的，端口调用通过端口的方法调用实现，是面向体系结构实现过程中的基本动作。在接口描述与交互中，用方法及其返回结果来代表服务(功能)中的基本动作，用动作和动作之间的关系来刻画构件端口之间的使用关系，从而能够清晰表达构件之间的语义关系。网构软件的行为是通过构件之间的接口交互来完成的，行为是语义的具体体现。因此，需要建立构件的形式化接口模型来描述并实现接口之间的调用。为在构件接口层面清晰表达语义时序逻辑关系，本章通过引入端口语义概念，给出了基于语义的构件和网构软件的形式化模型，采用基于语义的协议自动机来描述构件之间的语义及其协议关系，通过协议自动机的可达图来描述端口交互动作(端口调用动作）的可达序列，然后根据端口语义与端口动作之间的对应关系，构建网构软件体系结构的语义关系链矩阵。在此基础上，根据第3章的分析结果，探讨了语义关系链波及效应与语义关系构件波及效应算法，同时针对不同语义协议关系项的强弱程度不同与演化操作特性之间的关系，阐述了删除构件语义关系构件波及效应算法，通过实例计算分析，表明从构件之间的语义关系及其语义协议关系的角度，能够较好地对SA演化的进程及其影响进行控制、预测和评价。

第3章、第4章主要介绍网构软件静态演化首先需要在网构软件体系结构的层面上，精确地指出演化源对其他构件和整体体系结构是否产生影响、影响程度有多大的问题，从构件之间语义关系、语义协议关系的角度分析了具有松散耦合的网构软件静态演化特性，结合不同演化操作特性，探讨了能够精确计算演化源在不同演化操作下的波及效应方法，在一定程度上解决了网构软件静态演化研究中，演化源对SA波及效应的量化计算问题。

第 5 章　网构软件动态演化错误

网构软件需要组合多种异构服务并适应动态变化的网络环境,实现不间断服务和在线的动态演化。从静态的体系结构上看,组成网构软件的实体(构件)之间的语义关系表现为构件之间的接口调用关系,从软件动态运行的角度上看,表现为系统流程模型中运行实例之间的数据流和控制流。因此网构软件动态演化分析需要从运行实例的数据流和控制流入手展开研究。

本章基于着色 Petri 网,针对动态演化特性,描述一种面向数据流和控制流的网构软件模型,目的是将数据流显式地引入网构软件建模过程中,从静态关系和动态运行两个方面研究网构软件服务实施过程中数据依赖关系及其特性,体现数据流和控制流在网构软件动态适应性和演化性中并重的特点。在此基础上,以面向数据流和控制流的网构软件模型为手段,分析数据流可能导致的动态演化错误,不但刻画出网构软件动态演化过程中数据流约束关系,而且描述了数据流和控制流在动态演化过程中表现出来的交叉依赖关系,为网构软件实施动态演化奠定基础。

5.1　问题的提出

动态演化是网构软件的一个核心内容,是软件运行时刻,在没有(或尽量少)用户干预的前提下进行演化,从而使其所提供服务的功能或性能等维持在一个令人满意的水平上。这要求在不中断网构软件所提供服务前提下,自动或在外部动作指导下实施错误修正、功能完善和性能优化等软件改变活动。为了实现动态演化,网构软件必须能够将软件实体的运行实例从当前流程模式(源模式)动态地迁移到新流程模式下(目标模式)继续执行,并且满足以下条件。

(1)源模式稳态的继承性,即已执行活动的相关数据、状态、关系和结果能够在目标模式下继承并在后续的活动执行中得到应用。

(2)保证目标模式状态的有效性,不能引入动态演化错误,使目标模式产生死锁、活锁或流程异常终止等现象。

从技术角度上看,网构软件由提供具体服务的上层软件实体(网构软件服务)和底层支撑平台等组成。要实现已执行活动的相关数据、状态、关系和结果能够在目标模式下继承并在后续的活动执行中得到应用,不仅要求支撑平台暴露其内部状态和行为信息,还要实现上层软件实体内部状态和行为的实时展现,然后才能通过监测、反射和切换等机制实现网构软件的自适应性和演化性。网构软件的动态演化研究需要从运行状态的角度,动态地将网构软件的运行实例从源模式动态迁移到目标模式下继续执行。在网构软件运行状态中,组成网构软件的各个构件实体内部和实体之间的控制关系、协同机制、数据流动和内部状态共同决定了网构软件的整体运行。因此从动态演化的角度,构件之间的语义关系表现为软件的控制流和数据流。网构软件的内部状态包括操作数据和控制状态,操作数据、控制状态和数据流动共同组成了数据流。构件实体内部的控制关系和实体之间的协同机制决定了网构软件的控制流,因此对控制流、数据流及其属性进行分析,是实现网构软件自适应和动态演化的基础。

软件协同分离化是网构软件需要解决的核心难点之一。软件协同是指软件实体之间建立通信联系,约束其交互,以使之和谐工作,从而达到既定目标的过程。在传统的结构化和面向对象软件技术中,软件协同处于从属地位,隐藏于计算逻辑之中。而在网构软件形态下,提供各种服务的软件实体的计算逻辑是高度主体化的,只能在尊重这种主体性的前提下实现协同,这要求软件的协同机制能够从软件实体计算逻辑中分离出来,并且能够适应用户需求和环境的变化。所以软件协同分离化要求必须实现控制流与数据流相互分离。同时网构软件核心理论的形式化[2]要求,对网构软件进行动态演化分析首先需要建模。因此建立面向控制流与数据流分离的、适合动态演化操作特性的网构软件基础模型,是开展网构软件动态演化研究的基础。

在网构软件动态演化建模中,Petri 网是一种有效的方法。目前基于 Petri 网的网构软件建模[90~92]缺乏对动态演化的直接与显式支持。着色 Petri 网结合了 Petri 网和高级语言的优点,引入了数据概念,解决了 Petri 网无数据问题,具有强大的系统静态模型描述和动态行为分析的能力,能够自然表达系统并行、选择和循环等结构，适合异构软件联盟、柔性在线演化和数据/控制流交织等特点的网构软件建模与分析。

在第3章、第4章的分析中，从体系结构上，网构软件的演化存在软件实体的在线增加、删除、修改与合并等演化操作[26]；从流程模式上，有活动细化、活动序列的增加或删除、并行选择循环分支的添加或删除、变量的增加或删除[34]等动态演化操作。在实施网构软件动态演化，将实例从源模式动态地迁移到目标模式下继续执行时，从数据流和控制流上可能会产生动态演化错误[11,12,23]。并且由于网构软件的松散耦合、协同分离化等特性，使得在动态演化过程中，因数据流和控制流的复杂交叉作用而产生死锁、活锁或流程异常终止等新错误的出现。要实现网构软件动态演化，必须基于网构软件基础模型，深入研究不同演化操作对系统流程模式中的活动顺序、分支结构和状态特征等方面的影响方式，详细分析网构软件动态演化可能产生的各种错误，为网构软件在线动态演化的实施提供技术支持。

目前，网构软件动态演化主要从控制流和数据流两个方面开展研究[11]。控制流方面的研究致力于保证服务过程模型实例在动态演化前后控制流的正确性、合理性、一致性[12~18]。数据流方面的研究主要分为两种方式，一种方式将变量作为过程模型的一阶实体[19~21]，另一种方式将活动变量作为标签附加到活动上[12,15,22~24]，这两种方式将数据流依附在控制流上，既不能完全反映数据流对动态演化的影响特性，也不能满足网构软件控制流和数据流分离的要求。

针对上述问题，本章基于着色Petri网描述一种面向数据流和控制流的网构软件模型，目的是将数据流显式地引入网构软件建模过程中，从静态关系和动态运行两个方面研究网构软件服务实施过程中数据依赖关系及其特性，体现数据流和控制流在网构软件动态适应性和演化性中并重的特点；在此基础上，重点分析了网构软件模型数据依赖关系的性质，强调在动态演化过程中必须保持的数据依赖关系；然后，以面向数据流和控制流的网构软件模型为手段，分析数据流和控制流可能导致的动态演化错误，不但刻画出网构软件动态演化过程中数据流约束关系，而且描述了数据流和控制流在动态演化过程中表现出来的交叉依赖关系。

5.2 预备知识

本章将基于 Petri 网，建立面向控制流与数据流分离的、适合动态演化操作特性的网构软件模型。为便于讨论，首先介绍一些关于 Petri 网的基本概念[93~95]。

5.2.1 Petri 网

Petri 网为一个三元组 $PN=(P,T,F)$，其中：

(1) $P \cap T = \varphi$；

(2) $P \cup T \neq \varphi$；

(3) $F \subseteq P \times T \cup T \times P$；

(4) $dom(F) \cup con(F) = P \cap T$，其中 $dom(F) = \{x \mid \exists y:(x,y) \in F\}$，$con(F) = \{y \mid \exists x:(x,y) \in F\}$。

P 是 Petri 网的库所集，T 是 Petri 网的变迁集[96]，它们共同组成了 Petri 网的基本元素；F 是 Petri 网的流关系(Flow Relation)，它是由库所集和变迁集共同构造而成。

库所和变迁是 Petri 网中两种不同的元素，因此 $P \cap T=\varnothing$；而在 Petri 网中有 $P \cup T \neq \varnothing$，说明 Petri 网中至少存在一个元素。库所是资源的存放位置，变迁表示资源的流动，由 Petri 网流关系确定[97]，因此流、变迁与库所有 $F \subseteq P \times T \cup T \times P$。$dom(F) \cup con(F) = P \cap T$，表示不存在不参加任何变迁的资源和不引起资源流动的变迁。

在 Petri 网中，若 $x \in P \cup T$ 记 ${}^{\bullet}x = \{y \mid (y,x) \in F\}$，$x^{\bullet} = \{y \mid (x,y) \in F\}$，则可以称 ${}^{\bullet}x$ 和 $x^{\bullet}$ 分别为 x 的前集与后集。

在系统描述中，Petri 网是系统的结构框架，系统中流动的资源表示为活动。Petri 网系统不仅仅需要明确指出资源的初始分布情况，还需要规定框架上的活动规则，就是 Petri 网系统库所的容量以及变迁与资源之间的数量关系。为表达 Petri 网系统的状态，Token 被引入到 Petri 网中。这些 Token 是一些标志，用小黑点表示。Token 只能包含在库所当中，Token 在 Petri 网库所中的分布即表示 Petri 网的状态，称为标识 M(Marking)[12]。

Petri 网系统可以表示为 $PNS = (P,T,F,K,W,M_0)$，其中：

(1) $PN = (P,T,F)$ 是一个 Petri 网，是作为 Petri 网系统的基网。

(2) $K:P \to N \cup \{\omega\}$ 是 Petri 网系统中库所的容量函数(Capacity Function)。

(3) 容量函数是 $K:M:\to N_0$，它作为一个网标识(Marking)需要满足的条件是 $\forall p \in P:M(p) \leqslant K(p)$。

(4) $W:F \to N$ 称为 F 的权函数。对 $(x,y) \in F:W(x,y)$ 称为弧 (x,y) 上的权。Petri 网系统上的每个变迁发生一次引起的资源量上的变化由权函数确定，因此对任何 $(x,y) \in F$，有 $0 < W(x,y) < \omega$[98]。

5.2.2　着色 Petri 网

在定义着色 Petri 网之前，先进行以下一些符号上的约定[97]。

(1) T 表示类型 Type 的所有元素。

(2) Type(v)表示变量 v 的类型。

(3) Type(expr)表示表达式 expr 的类型。

(4) Var(expr)表示表达式 expr 中的变量的集合。

(5) 变量集合 V 的一个绑定，就是对于每一个变量 $v \in V$，将它与一个元素关联起来，有 $b(v) \in \text{Type}(v)$。

(6) expr < b > 表示表达式 expr 在绑定 b 时的值。满足 Var(expr)为 b 中变量的子集，表达式的取值是将每一变量 $v \in \text{Var(expr)}$ 用绑定 $b(v) \in \text{Type}(v)$ 的值来代替。

(7) 封闭表达式是一个没有变量的表达式。封闭表达式的值能够在任何绑定中得到，且所有得到的值都是相同的，可以用简写 expr 替代 expr < b >。

(8) 布尔类型集用 B 来表示，它包含两个元素，分别是 false，true。

(9) 扩展 Type(v)标记为 $\text{Type}(A) = \{\text{Type}(v) \mid v \in A\}$，$A$ 表示一个变量集合。

(10) 假设 S 是一个非空集合，N 是一个非负整数集，则从 S 到 N 的映射称作 S 上的函数多重集(Multi - Set)。

多重集合是在集合理论的基础上扩展出来，两者的区别在于：多重集允许同一个元素在一个集合中出现多次。例如，{1,1,2}是集合{1,2}上的一个多重集,它允许 1 在集合中出现两次。集合 S 上的所有有限多重集组成的集合,一般采用 S_{MS} 来表示。

设 $b \in S_{MS}$ 为 S 上的任一多重集,由定义对 $\forall s \in S, b\{s\} \in N_0$,$b$ 由 S 中元素的一次式 $\sum_{s \in S} b(s) \cdot s$ 唯一确定,这一关系记作 $b = \sum_{s \in S} b(s) \cdot s$。

由于 $b\{s\} \in N$,$\sum_{s \in S} b(s) \cdot s$ 为非负整数,称为 b 的重数,记为 $|b|$。

着色 Petri 网为一个九元组 $CPN = (\sum, P, T, A, N, C, G, E, I)$,满足如下条件:

(1)着色 Petri 网的颜色集 $\sum$ 表示一个非空有限类型集;

(2)P 是着色 Petri 网的有限库所集;

(3)T 是着色 Petri 网的有限变迁集;

(4)A 是着色 Petri 网的有限弧集,并且满足 $P \cap T = P \cap A = T \cap A = \varnothing$;

(5)N 是着色 Petri 网的节点函数,有 $N:A \rightarrow (P \times T) \cup (T \times P)$;

(6)C 是着色 Petri 网的颜色函数,有 $C:P \rightarrow \sum$;

(7)G 是着色 Petri 网的防卫函数,有 $G:T \rightarrow G(t)$,满足 $\forall t \in T$:[$\mathrm{Type}(E(a)) = B \wedge \mathrm{Type}(\mathrm{Var}(G(t))) \subseteq \sum$];

(8)E 是着色 Petri 网的弧表达式函数,有 $E:A \rightarrow E(a)$,满足 $\forall a \in A$:[$\mathrm{Type}(E(a)) = C(p)_{MS} \wedge \mathrm{Type}(\mathrm{Var}(E(a))) \subseteq \sum$],式中 $E(a)$ 中的库所为 p,库所 p 的颜色集上的多重集为 $C(p)_{MS}$;

(9)I 是着色 Petri 网的初始化函数,定义为一个封闭表达式 $I(p)$,满足 $\forall p \in P$:[$\mathrm{Type}(I(p)) = C(p)_{MS}$]。

关于着色 Petri 网 CPN,对于上面的几点有以下说明:

(1)$\sum$ 在着色 Petri 网的表达式中可用的数据值、运算和函数由颜色集决定,包括弧表达式、防卫表达式和初始化表达式等。同时,也可以采用抽象数据类型理论中的方法(如 E 代数)来表示颜色集以及它所对应的运算。

(2)P,T 和 A 分别描述了库所集、变迁集和弧集,这三个集合之间两两不相交,从而避免一系列技术上的问题。

(3)N 节点函数将每条弧映射到一个二元组,它连接两个节点,即源节点和目标节点,并且这两个节点必须属于不同的类型。要么源节点是库所,而目标节点是变迁;要么源节点是变迁,而目标节点是库所。

(4)将每个库所 p 都映射到一个颜色集 $C(p)$ 上是通过颜色函数 C 进行的,即 p 中每个托肯都有一个属于 $C(p)$ 的数据值与之相对应。

(5)防卫表达式 G 将变迁 t 映射到 bool 表达式 B 上,$G(t)$ 中所有变量的类型必须属于颜色集合 Σ,同时规定防卫表达式为空时为真。

(6)弧表达式函数 E 将每条弧 a 都映射到具有类型 $C(p)_{MS}$ 的表达式上,表示每个 $E(a)$ 的求值为相邻库所的颜色集上的多重集,弧表达式可以不出现,缺省为空。

(7)初始化函数 I 的作用是将每个库所 p 映射到一个不包含变量的封闭表达式,其类型为 $C(p)_{MS}$,即 $I(p)$ 是库所 p 的颜色集上的多重集。初始化表达式可以不出现,此时其为 $\varnothing$。

在着色 Petri 网中,库所和变量都有类型说明。库所中存在一些确定类型的元素,这些元素就是颜色托肯,托肯的分布决定了着色 Petri 网的状态。变迁代表着色 Petri 网中可能的动作,它影响并决定状态的转换。弧表达式则描述了变迁引起的托肯在库所中消耗、增加情况。防卫函数是与变迁相关的 bool 表达式,bool 表达式的取值决定变迁是否发生。着色 Petri 网的初始标识由初始函数 I 来决定,并且必须赋以相应类型的值。着色 Petri 网扩展了基本 Petri 网系统,这样能够支持不同类型(颜色)的标记,形成对变迁约束条件(Guard)的支持,这样就能够减小网络规模,从而使其能够在实际问题中的推广使用。

5.3　网构软件模型

要建立面向控制流与数据流分离的、适合动态演化操作特性的网构软件模型,不仅需要描述网构软件的静态特征[99~101],还需描述网构软件动态运行特性[102~105]。

5.3.1　网构软件模型描述

为了实现网构软件动态演化的形式化,满足动态演化过程中数据流和控制流分离的要求,首先给出网构软件模型,从控制流和数据流对网构软件进行描述和分析。

定义 5.1　(网构软件扩展 IW_CPN 模型)

$IW\_CPN = (\sum, P_c, P_d, T, A_c, A_d, K, C, G, E_c, E_d, AT, IN, OUT, I)$,其中:

(1)$\sum$为数据类型的集合,并且控制托肯类型 $CONTROL \in \sum$,即 color $CONTROL$ = with st;

(2)P_c为非空有限控制库所集,存放网构软件服务操作的控制托肯以及控制参数;

(3)P_d为非空有限数据库所集,存放网构软件服务操作的数据托肯以及数据参数;

(4)T 为非空有限变迁集,是网构软件服务操作的集合;

(5)$A_c \subseteq P_c \times T \cup T \times P_c$,是一个有限控制弧集,且 $P_c \cap T = P_c \cap A_c = T \cap A_c = \varnothing$;

(6)$A_d \subseteq P_d \times T \cup T \times P_d$,是一个有限数据弧集,且 $P_d \cap T = P_d \cap A_d = T \cap A_d = \varnothing$;

(7)K 是控制库所容量函数,$\forall p_c \in P_c$有 $K(p_c) =$ st,表示在模型的一个控制库所中最多只能有一个控制托肯;

(8)C 是数据类型函数,表示为 $C:(P_c \cup P_d) \to \sum$,有 $P_c \to CONTROL, P_d \to \sum \backslash CONTROL$,并且模型中如果有指定库所 $p \in (P_c \cup P_d)$,则它的托肯类型为 $C(p)$;

(9)G 是防卫函数,表示为 $G:T \to G(t)$,要求满足$\forall t \in T:[\mathrm{Type}(G(t))] = B \wedge \mathrm{Type}(\mathrm{Var}(G(t))) \subseteq \sum$,指定变迁引发须满足的前提条件;

(10)E_c是控制弧 A_c上的函数,$\forall a_c \in A_c$有 $E_c(a_c) =$ st 表示控制托肯的输入、输出;

(11)E_d是数据弧 A_d上的函数,表示为 $E_d:A_d \to E_d:(a_d)$,要求满足表达式 $\forall a_d \in A_d:[\mathrm{Type}(E_d(a_d)) = C(P_d)_{MS} \wedge \mathrm{Type}(\mathrm{Var}(E_d(a_d))) \subseteq \sum \backslash CONTROL]$,式中 p_d是 $A_d(a_d)$中的库所,p_d的数据类型集上的多重集是 $C(p_d)_{MS}$,E_d是数据托肯的输入、输出;

(12)AT 是变迁的属性函数,定义为 $AT: T \to \mathrm{Attributes}(tType, opName, portType, inputSet, outputSet)$,是模型中相关操作需要指定变迁类型、操作名称、端口类型、输入参数和输出参数,对于$\forall t \in T$,$(inv_1, inv_2) \in inputSet$, $outv_1 \in inputSet$,则服务操作可记为 $f_d{}^t(inv_1, inv_2) \Rightarrow outv_1$;

(13) IN 是变迁 T 中需要输入的参数变量，$IN \in P_d$ 且 $\neg \exists t \in T$: $< t, IN > \in A_d$，即没有前集；

(14) OUT 是变迁 T 中需要输入的参数变量，$OUT \in P_d$ 且 $\neg \exists t \in T$: $< OUT, t > \in A_d$，即没有后集；

(15) I 是一初始化函数，满足 $\forall P \in (P_c \cup P_d)$: $[\mathrm{Type}(I(P) = C(P)_{MS}]$ [93]。

在 IW_CPN 模型中没有孤立元素，模型入口为 $P_i = \{p_i \mid p_i \in P_c \wedge {}^{\bullet}P_i = \varnothing\}$，模型出口为，$P_o = \{p_o \mid p_o \in P_c \wedge P_o^{\bullet} = \varnothing\}$，模型入口点能表达过程模型的开始，本文默认模型的入口库所为 1，对模型出口的数量不加限制。图 5.1 给出了 IW_CPN 的示意图。IW_CPN 的变迁表示网构软件的操作（也称为活动），操作对应的变迁有两类托肯输入，分别为控制托肯和数据托肯。在 IW_CPN 模型中网构软件操作执行的顺序由控制托肯的流向来决定。在 IW_CPN 模型中数据托肯有两种，分别是操作数据与业务逻辑控制数据，前者描述了网构软件操作的输入参数和输出参数，或者与控制托肯一起决定流程的具体执行路径。

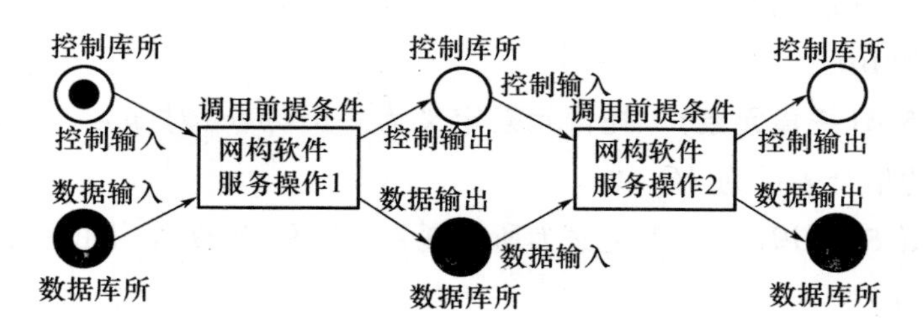

图 5.1　IW_CPN 的网构软件模型示意图

IW_CPN 模型基于着色 Petri 网，将库所分为数据库所和控制库所，由数据托肯和控制托肯一起决定系统的执行流程，从形式化角度实现了网构软件控制流和数据流的分离，为网构软件的动态演化分析提供了形式化基础。

5.3.2　IW_CPN 模型动态运行规则

对所有的变迁 $t \in T$ 及所有的 $(x_1, x_2) \in (P_c \cup P_d) \times T \cup T \times (P_c \cup P_d)$ 有：

(1) $A(t) = \{a \in (A_c \cup A_d) \mid a \in (P_c \cup P_d) \times \{t\} \cup \{t\} \times (P_c \cup P_d)\}$：与 t 关联的弧集；

(2) $\mathrm{Var}(t) = \{ v \mid v \in \mathrm{Var}(G(t)) \vee \exists a \in A(t): v \in \mathrm{Var}(E(a)) \}$:t 的变量集；

(3) $A(x_1, x_2) = \{ a \in (A_c \cup A_d) \mid a \in (x_1, x_2) \}$:两端为 x_1 和 x_2 的弧集；

(4) 当 $a \in [A_c(x_1, x_2) \cup A_d(x_1, x_2)]$ 时，$E(x_1, x_2) = \sum E(a)$:两端点为 x_1 和 x_2 的所有弧函数集合。

在 IW_CPN 中，它的动态行为由引发规则来定义，当变迁发生时库所中的托肯数量都会产生动态变化，推进流程运行。在 IW_CPN 模型中引入了数据类型和变量，在变迁发生之前，必须对变迁进行绑定（赋值）。

定义 5.2（变迁绑定） 变迁绑定是定义在 $\mathrm{Var}(t)$ 之上的函数 b，满足：

(1) $\forall \in \mathrm{Var}(t): b < v > \in \mathrm{Type}(v)$；

(2) $G(t) < b >$ 为“真”。

变迁绑定是将变迁 t 中的每个变量赋值，并且要求满足防卫表达式，变迁才能引发。绑定记为 $< v_l = c_l, v_2 = c_2, \cdots, v_n = c_n >$，$\mathrm{Var}(t) = \{ v_l, v_2, \cdots, v_n \}$。绑定的集合记为 $B(t)$。

定义 5.3（绑定元素） 绑定元素定义为一个 (t, b) 对，$t \in T$，$b \in B(t)$，它的集合表示为 BE。

定义 5.4（托肯元素） 托肯元素定义为一个 (p, c) 对，$p \in (P_c \cup P_d)$，$c \in C(p)$，它的集合表示为 TE。

定义 5.5（标识） 标识定义为所有托肯元素集合 TE 之上的一个多重集，用 M 来表示。

定义 5.6（步） 步定义为所有绑定元素集合 BE 之上的非空有限多重集，用 Y 来表示。

在上述定义中，标识是用来描述 IW_CPN 的状态，步表示引起 IW_CPN 状态发生改变的事件的发生步骤。

定义 5.7（步的使能） 当 IW_CPN 处于标识 M 时，当且仅当：

(1) $\forall p_d \in P_d: \sum E_d(p_d, t) < b > \leqslant M(p_d)$；

(2) $\forall p_c \in P_c \wedge p_c \in {}^{\bullet}t: \sum E_c(p_c, t) \leqslant M(p_c)$；

(3) $\forall p_c \in P_c \wedge p_c \in {}^{\bullet}t - t^{\bullet}: M(p_c) + E_c(t, p_c) \leqslant K(p_c)$；

(4) $\forall p_c \in P_c \wedge p_c \in {}^{\bullet}t \cap t^{\bullet}: M(p_c) + E_c(t, p_c) - E_c(p_c, t) \leqslant K(p_c)$，

则步 Y 是使能的，此时称绑定 (t, b) 有效，并且变迁 t 可引发。

定义 5.8(步的发生)　步 Y 的发生,应能够使 IW_CPN 的状态从标识 M_1 改变为 M_2,此时从标识 M_1 可直达标识 M_2。

定义 5.9(步发生后的标识)　当在标识 M_1 时步 Y 使能,则其发生后标识变为 M_2:

$$\begin{cases} \forall p_d \in P_d, M_2(P_d) = [M_1(p_d) - \sum_{(t,b)\in Y} E_d(p_d,t) < b >] + \\ \qquad \sum_{(t,b)\in Y} E_d(p_d,t) < b > \\ \exists p_c \in P_c, M_2(p_c) = \begin{cases} M_1(p_c) - E_c(p_c,t); if:p_c \in {}^{\bullet}t - t^{\bullet} \\ M_1(p_c) + E_c(t,p_c); if:p_c \in t^{\bullet} - {}^{\bullet}t \\ M_1(p_c) - E_c(p_c,t) + E_c(t,p_c); if:p_c \in {}^{\bullet}t \cap t^{\bullet} \\ M_1(p_c); if:p_c \notin {}^{\bullet}t \cup t^{\bullet} \end{cases} \end{cases}$$

步 Y 的发生引起模型标识变化的过程,记为 $M_1[t > M_2$。

IW_CPN 模型定义了变迁之间的数据依赖关系,在 IW_CPN 模型中(变迁可以接收到的全部参数,是由以该变迁为目标的所有数据弧的弧函数所决定的。变迁必须提供的全部参数,是由该变迁出发的所有数据弧的弧函数所决定的,弧函数同时指定了变迁之间交互数据的数据类型)。

从上面分析上看,IW_CPN 模型可以显式描述变迁之间的数据依赖关系,为了深入研究网构软件运行实例的动态迁移性,需要对 IW_CPN 模型的数据依赖关系及特性进行分析。

5.4　IW_CPN 数据依赖关系分析

IW_CPN 的活动(变迁)中,当输入参数 v_i 在活动 t_i 中产生作用并输出参数 v_j 时,这两个参数就产生了依赖关系(称为参数依赖关系 $v_iR^Dv_j$)。参数依赖关系可以分为直接参数依赖关系(记为 $v_iR^{DD}v_j$)和间接参数依赖关系(记为 $v_iR^{DI}v_j$)。当一个活动 t_i 的输出参数成为另一个活动 t_j 的输入参数时,这两个活动就发生了数据依赖关系(称为活动数据依赖关系 $t_iR^Tt_j$),同样可以分为直接活动数据依赖关系(记为 $t_iR^{TD}t_j$)和间接活动数据依赖关系(记为 $t_iR^{TI}t_j$)。

在 IW_CPN 模型的活动序列 $\delta = t_1t_2\cdots t_n$ 中(图 5.2),有活动 t_i,t_{i+1} 和 t_{i+2},它

们的输入参数分别为 $IN_1 = \{inv_{11}, inv_{12}, \cdots, inv_{1n}\}$，$IN_2 = \{inv_{21}, inv_{22}, \cdots, inv_{2n}\}$ 和 $IN_3 = \{inv_{31}, inv_{32}, \cdots, inv_{3n}\}$，输出参数分别为 $OUT_1 = \{outv_{11}, outv_{12}, \cdots, outv_{1n}\}$，$OUT_2 = \{outv_{21}, outv_{22}, \cdots, outv_{2n}\}$ 和 $OUT_3 = \{outv_{31}, outv_{32}, \cdots, outv_{3n}\}$，经实施后的标识分别为 $M_{i1}, M_{i2}, M_{i3}, M_{i0}$ 为 t_i 的初始标识，则有如下定义。

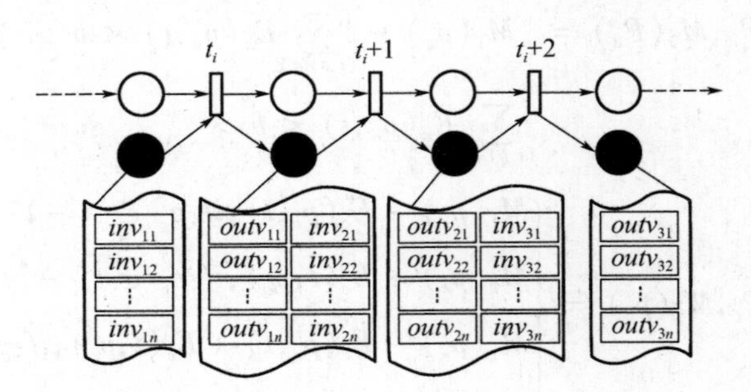

图 5.2 活动序列数据依赖关系示意图

定义 5.10 （IW_CPN 数据依赖关系）

$$\text{if}:\begin{cases} < b_1 > = < inv_{11} = c_{in11}, inv_{12} = c_{in12}, \cdots, inv_{1n} = c_{in1n} > \\ G(t_i) < b_1 > = \text{true} \\ M_{i0}[t_i\rangle M_{i1} \\ f_d^{t_i}(inv_{11}, inv_{12}) < b_1 > \Rightarrow outv_{11} = c_{out11} \end{cases}$$

$$\text{then}:\begin{cases} inv_{11} R^{DD} outv_{11} \\ inv_{12} R^{DD} outv_{11} \end{cases}$$

$$\text{and if}:\begin{cases} < b_2 > = < outv_{11} = c_{out11}, inv_{21} = c_{in21}, \cdots, inv_{2n} = c_{in2n} > \\ G(t_{i+1}) < b_2 > = \text{true} \\ M_{i1}[t_{i+1}\rangle M_{i2} \\ f_d^{t_{i+1}}(outv_{11}, inv_{21}) < b_2 > \Rightarrow outv_{21} = c_{out21} \end{cases}$$

$$\text{then}:\begin{cases} inv_{11} R^{DI} outv_{21} \\ inv_{12} R^{DI} outv_{21} \\ t_i R^{TD} t_{i+1} \end{cases}$$

$$\text{and if}:\begin{cases} <b_3> = <outv_{21} = c_{out21}, inv_{31} = c_{in31}, \cdots, inv_{3n} = c_{in3n}> \\ G(t_{i+2})<b_3> = \text{true} \\ M_{i2}[t_{i+2}\rangle M_{i3} \\ f_d^{t_{i+2}}(outv_{21}, inv_{31})<b_2> \Rightarrow outv_{31} = c_{out31} \end{cases}$$

$$\text{then}:\begin{cases} t_{i+1}R^{TD}t_{i+2} \\ t_iR^{TI}t_{i+2} \end{cases}$$

$f_d^{t_i}(inv_{11}, inv_{12})<b_1> \Rightarrow outv_{11} = c_{out11}$表示活动$t_i$在绑定$b_1$引发时,服务操作$f_d^{t_i}(inv_{11}, inv_{12})$实施时的具体动作。从上述的定义中,可以看出在$t_i$中有直接参数依赖关系,则必须满足以下条件:

(1) $<b_1> = <inv_{11} = c_{in11}, inv_{12} = c_{in12}, \cdots, inv_{1n} = c_{in1n}>$;

(2) $G(t_i)<b_1> = \text{true}$;

(3) t_i是能使的,并且步发生后有$<outv_{11} = c_{out11}, \cdots, outv_{1n} = c_{out1n}>$;

(4) $f_d^{t_i}(inv_{11}, inv_{12})<b_1> \Rightarrow out_{11} = c_{out11}$。

在t_i和t_{i+1}中有间接参数依赖关系和直接活动数据依赖关系,则还要必须满足以下条件:

(1) $<b_2> = <outv_{11} = c_{out11}, inv_{21} = c_{in21}, \cdots, inv_{2n} = c_{in2n}>$;

(2) $G(t_{i+1})<b_2> = \text{true}$;

(3) t_{i+1}是能使的,步发生后有$<outv_{21} = c_{out21}, outv_{22} = c_{out22}, \cdots, outv_{2n} = c_{out2n}>$;

(4) 如果在t_i中有$f_d^{t_i}(inv_{11}, inv_{12})<b_1> \Rightarrow outv_{11} = c_{out11}$,并且要求在$t_{i+1}$中存在$f_d^{t_{i+1}}(outv_{11}, inv_{21})<b_2> \Rightarrow outv_{21} = c_{out21}$。

在t_i,t_{i+1}和t_{i+2}中有直接活动数据依赖关系和间接活动数据依赖关系,则还要必须满足以下条件:

(1) $<b_3> = <outv_{21} = c_{out21}, inv_{31} = c_{in31}, \cdots, inv_{3n} = c_{in3n}>$;

(2) $G(t_{i+2})<b_3> = \text{true}$;

(3) t_{i+2}是能使的,步发生后有$<outv_{31} = c_{out31}, outv_{32} = c_{out32}, \cdots, outv_{3n} = c_{out3n}>$;

(4) 如果在t_i中有$f_d^{t_i}(inv_{11}, inv_{12})<b_1> \Rightarrow outv_{11} = c_{out11}$,并且要求在$t_{i+1}$中存在$f_d^{t_{i+1}}(outv_{11}, inv_{21})<b_2> \Rightarrow outv_{21} = c_{out21}$,还要求在$t_{i+2}$中存在

$f_d^{t_{i+2}}(outv_{21},inv_{31})<b_3>\Rightarrow outv_{31}=c_{out31}$。

然而 t_{i+1} 直接数据依赖于 t_i，t_{i+2} 直接数据依赖于 t_{i+1}，但 t_{i+2} 不一定间接数据依赖于 t_i。如：

$f_d^{t_i}(inv_{11},inv_{12})<b_1>\Rightarrow outv_{11}=c_{out11}\wedge f_d^{t_{i+1}}(outv_{11},inv_{21})<b_2>\Rightarrow outv_{21}=c_{out21}$；

$f_d^{t_{i+1}}(inv_{22},inv_{23})<b_2>\Rightarrow outv_{22}=c_{out22}\wedge f_d^{t_{i+2}}(outv_{22},inv_{31})<b_3>\Rightarrow outv_{31}=c_{out31}$。

根据定义 5.10，在活动系列 $\delta=t_1,t_2,\cdots,t_n$ 中，对任意活动 t_i，t_{i+1} 和 t_{i+2} 有数据依赖关系 $t_iR^{TD}t_{i+1}$，$t_{i+1}R^{TD}t_{i+2}$，并且从 t_i 到 t_{i+2} 存在传递参数依赖关系，则活动 t_{i+2} 数据依赖于活动 t_i，即 $t_iR^Tt_{i+2}$，因此活动数据依赖关系的传递性通过参数依赖关系的传递性实现。根据关系传递闭包可得到以下两个定义。

定义 5.11（参数集关于活动的传递闭包） 设 R^T 为参数集 V 上的一组关于活动的数据依赖关系，$X\in V$，$R_D{}^+=\{A\mid X\rightarrow A$ 能由 R^T 根据参数依赖关系传递性导出$\}$，$R_D{}^+$ 称为参数集 X 关于活动数据依赖关系 R^T 的传递闭包，简称参数依赖传递闭包。

定义 5.12（活动集关于参数的传递闭包） 设 R^D 为活动集 T 上的一组关于参数的依赖关系，$X\in T$，$R_T{}^+=\{A\mid X\rightarrow A$ 能由 R^D 根据变迁数据依赖关系传递性导出$\}$，$R_T{}^+$ 称为活动集 X 关于参数的依赖关系 R^D 的传递闭包，简称活动数据依赖传递闭包。

依据定义 5.11，参数依赖传递闭包 $R_D^+=R^D\cup R^{D^2}\cup R^{D^3}\cup\cdots\cup R^{D^n}$。

上面讨论了 IW_CPN 模型中的数据依赖关系及其性质，在网构软件运行实例动态迁移过程中，需要在源模式和目标模式之间保持这些数据依赖关系，避免动态演化中出现的数据流错误，因此需要分析在动态演化过程中可能产生的数据流和控制流关系错误。

5.5　面向数据流的网构软件动态演化错误分析

5.5.1　网构软件动态演化操作

将网构软件运行实例从源模式动态迁移到目标模式，从系统流程模式的角度存在基本活动细化、判断条件细化、活动序列的加入或删除、并行选择循环分支的添加或删除、变量的增加或删除等演化操作方式[34]。

基本活动细化——改变基本活动的属性；

判断条件细化——改变 While 活动和 case 分支等的判断值；

活动序列的加入或删除——通过活动的插入或删除改变控制流活动序列的数量；

并行选择循环分支的添加或删除——通过并行选择循环分支的添加或删除改变分支的数量，或加入、删除、改变分支中的活动，改变分支的并行选择循环结构或改变并行选择循环结构的同步点；

变量的增加或删除——通过变量的插入或删除改变变量的数量。

网构软件运行实例从源模式动态迁移到目标模式下，由于存在上述的动态演化操作，导致已执行活动和未执行活动之间，可能存在以下的数据依赖关系错误[11,22,24]。

(1)缺失数据　当需要获取某些数据时(如读或清空)，发现这些数据从未被创建或被删除后再没有被创建。

(2)强冗余数据　一个数据元素是强冗余的，即指存在一个活动对其进行写入之后，在所有可能的执行过程中，这个数据被清空(销毁)或服务流执行完毕之前没有被读取(使用)过。

(3)弱冗余数据　一个数据元素是弱冗余的，即指在一些执行场景，存在一个活动对其进行写入之后，这个数据被清空(销毁)或服务流执行完毕之前没有被读取(使用)过。

(4)强丢失数据　一个数据元素是强丢失的，即指存在一个活动对其进行写入，在所有可能的执行过程中，这个数据被读取(使用)之前就被再次写入。

(5)弱丢失数据　一个数据元素是弱丢失的，即指在一个执行序列，存在一个活动对其进行写入，这个数据被读取(使用)之前就被再次写入。

(6)不一致数据　数据是不一致的，即指一个活动(变迁)正在使用该数据，而另外一些活动(变迁)对该数据实施并行的写入或清空。

(7)从未清空　一个数据从未被清空，即指存在这样的场景，数据被创建之后就没有被清空。

(8)两次清空　一个数据被两次清空，即指存在这样的场景，在一个执行序列中被清空两次，在这两次清空之间该数据没有被创建过。

(9)没有及时删除　一个数据没有被及时删除，当在服务流中存在一个活动对它进行只读取而不清空，之后这个数据不应该再被独立读取并只是为了清空。

在上述的数据错误中，将强冗余数据和弱冗余数据统称为冗余数据；强丢失数据和弱丢失数据统称为丢失数据。

在进行动态演化操作，将网构软件运行实例从源模式动态迁移到目标模式下，要求满足以下条件：

(1)满足数据流的动态合理性，不能产生上述的数据依赖关系的错误；

(2)满足数据依赖关系的一致性；

(3)满足数据流和控制流的动态合理性，不能引发选择分支间存在数据依赖关系而产生的死锁，不能引发并行分支间存在循环的数据依赖关系而产生死锁，不能引发并行分支间存在循环控制/数据依赖关系的交叉作用而产生死锁。

5.5.2　网构软件动态错误分析

从 IW_CPN 模型上看，通过数据流描述了活动(变迁)之间的数据依赖关系，同时规定了活动(变迁)之间所交互数据的数据类型，为了分析对动态演化方式可能会引起的数据依赖错误以及数据依赖关系和控制依赖关系交叉作用引起的错误，采用 IW_CPN 模型对其进行分析。

1. 基本活动细化操作

将一个活动划分为几个活动，当该操作不改变该活动的数据输入输出及其依赖关系，或者只是对细化内部的几个活动产生影响，并不影响到整个流程的依赖关系时，则该演化操作不会影响模型的整体依赖关系。但是当基本活动细化对该活动的输入输出产生影响时,则有可能引发数据依赖关系错误,而输入输出的影响可以界定为变量的增加或删除。因此在讨论基本活动细化的同时应讨论变量的增加或删除,如图 5.3 所示。在演化过程中,可能存在以下错误。

(1)图 5.3(b)是将图 5.3(a)中的活动 t_1 细化为 t_{11} 和 t_{12},不涉及数据输入输出的改变,不会引发数据依赖关系错误。

(2)图 5.3(c)在图 5.3(a)的 p_{d1} 中删除了输入参数 b,并删除了 t_2 的输出参数 d,则有 $G(t_1) < a,b > =$ false 和 $G(t_2) < c,d > =$ false,即 t_1 和 t_2 中的数据输入无法得到满足,因此产生参数 b 和 d 缺失。

(3)图 5.3(d)在图 5.3(a)中增加了 p_{d1} 的输入参数 e,在 t_1 中增加了输出参数 f,则 t_1 和 t_2 实施时具体动作 $f_d^{t_1}(a,b,e) < b_1 >$ 和 $f_d^{t_2}(c,d,f) < b_2 >$ 未能执行,即 t_1 的输出数据 i 在整个流程中没有再被使用,而产生参数 e 和 f 冗余。

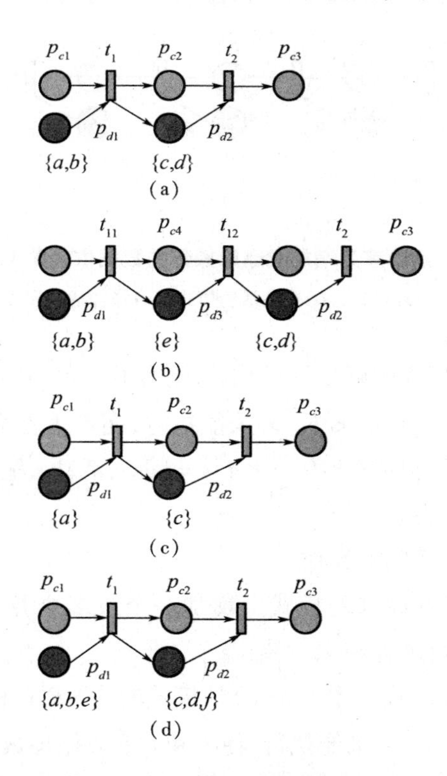

图 5.3　基本活动细化操作数据依赖关系示意图

(a)源模式;(b)活动细化模式;(c)输入输出删除模式;(d)输入输出增加模式

2. 活动序列的加入或删除操作

在已有的活动序列中增加或删除一个活动或活动序列，如图 5. 4 所示。

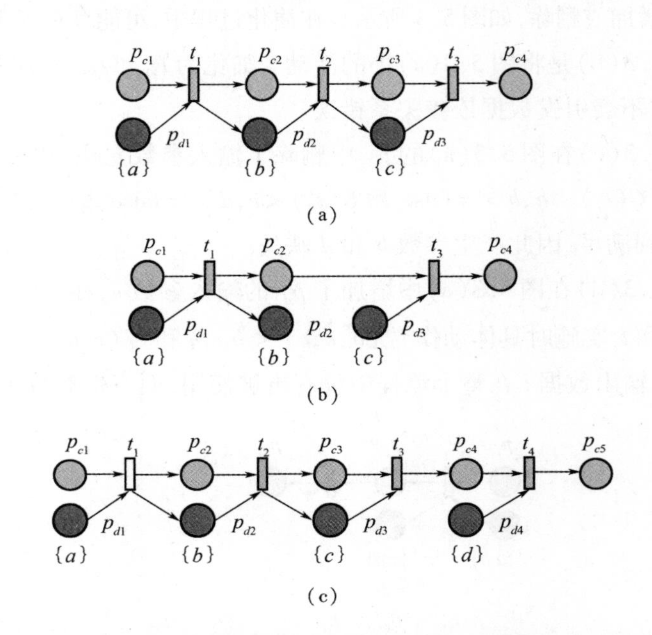

图 5. 4　活动序列增加或删除操作的数据依赖关系示意图

(a)源模式；(b)删除活动模式；(c)增加活动模式

图 5. 4(b)在源模式中删除了活动 t_2，则有 $G(t_3) < c > = \text{false}$，而产生参数 c 缺失，同时具体动作 $f_d^t(b) < b_1 >$ 未能执行，而产生参数 b 冗余；图 5. 4(c)在源模式中增加活动 t_4，则有 $G(t_4) < d > = \text{false}$，活动 t_4输入参数得不到满足，而产生输入参数 d 缺失。

3. 并行分支加入或删除操作

并行分支加入是在原来的模式上增加一个或多个并行分支，如图 5. 5 所示。在演化过程中，可能存在以下错误。

(1)从图 5. 5(a)演化为图 5. 5(b)的模式时有 aR^Db 和 bR^Da，导致 $f_d^{t_6}(b) < b_6 >$ 和 $f_d^{t_3}(a) < b_3 >$ 未能执行，使 t_3和 t_6形成循环数据依赖而引起死锁。

(2)演化为图 5. 5(c)的模式时有 $t_2R^Tt_3$ 和 $M_3[t_6t_2 > M_2$，使 t_2和 t_3形成数据流/控制流交叉依赖关系而产生死锁。

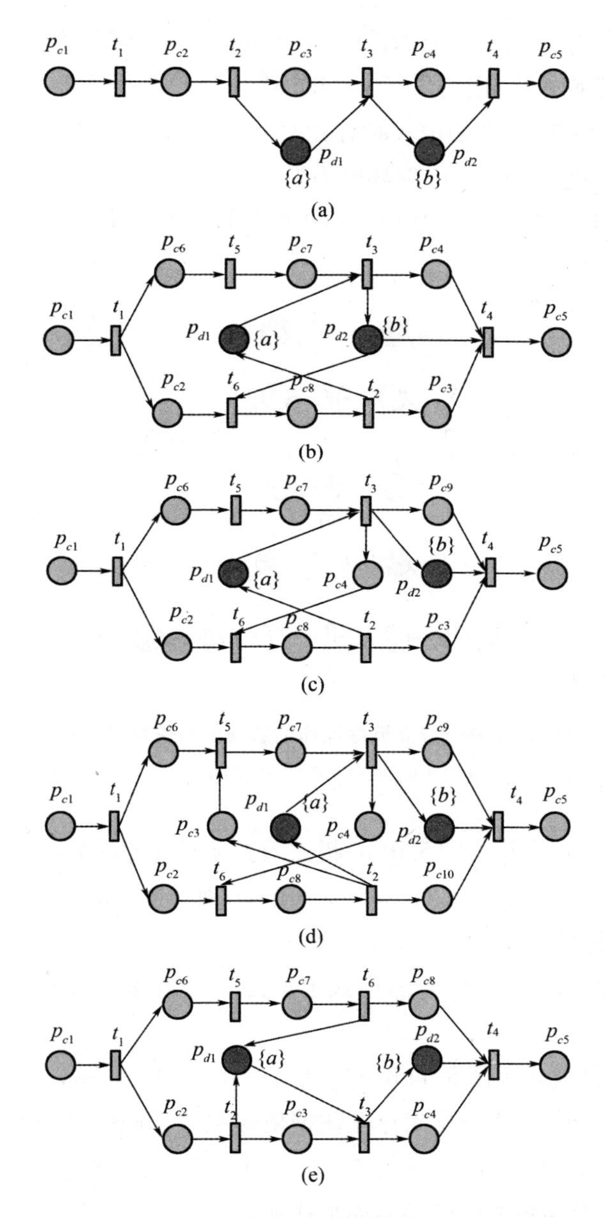

图 5.5　并行分支增加操作的数据依赖关系示意图

(a)源模式;(b)并行分支增加存在循环数据依赖;(c)并行分支增加存在循环控制/数据依赖;

(d)并行分支增加存在循环控制依赖;(e)并行分支增加存在数据丢失

(3)演化为图5.5(d)时有$M_5[t_3t_6>M_6$和$M_6[t_2t_5>M_5$,使t_5和t_6形成控制流交叉依赖关系而产生死锁。

(4)演化为图5.5(e)的模式时有$f_d^{t_6}(0)<b_6>\Rightarrow a$和$f_d^{t_2}(0)<b_2>\Rightarrow a$,使$t_2$和$t_6$都对$a$进行写入而产生数据丢失。

并行分支删除操作模式是在原来的模式上删除一个或多个并行分支,如图5.6所示。

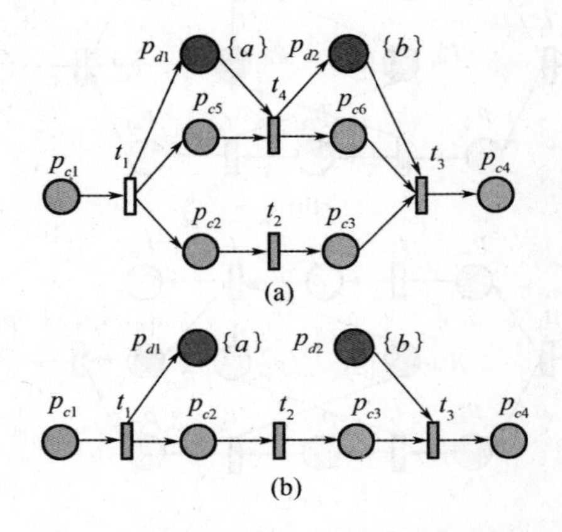

图5.6　并行分支删除操作的数据依赖关系示意图

(a)源模式;(b)并行分支删除模式

如从图5.6(a)演化为图5.6(b)模式时具体动作$f_d^t(a)<b_1>$未能执行,而产生参数a冗余,同时有$G(t_3)<b>=\text{false}$,而产生t_3输入参数b缺失。

4. 选择分支的添加或删除操作

选择分支的添加是在原来的模式上增加一个或多个选择分支,如图5.7所示。

如图5.7(a)演化为图5.7(b)模式后$f_d^{t_1}(0)<b_1>\Rightarrow a$,执行$t_3t_4$分支时有$G(t_4)<a>=\text{false}$,使分支间存在数据依赖关系,导致$t_4$因缺失输入参数$a$而产生死锁。由图5.7(a)演化为5.7(c)模式后,执行t_3t_4分支时$\neg M_2[t_4>M_4$,使分支间因存在控制依赖关系而形成死锁。

选择分支的删除模式是在原来模式上删除一个或多个选择分支,如图5.8所示。由图5.8(a)演化为图5.8(b)模式后具体动作$f_d^t(a)<b_1>$未能执行,而产生参数a冗余,同时有$G(t_6)<b>=\text{false}$,使t_6产生输入参数k缺失。

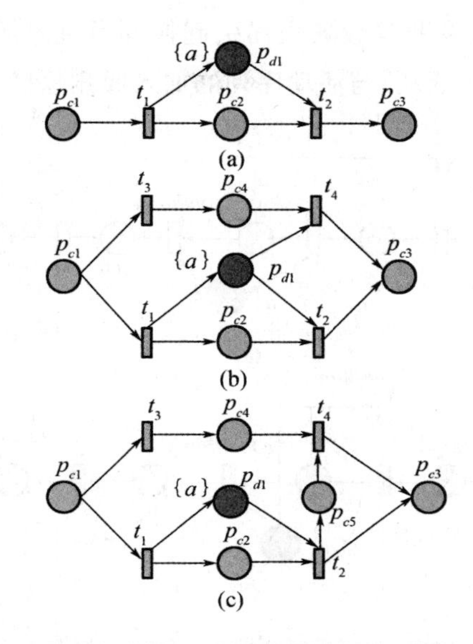

图 5.7　选择分支添加操作的数据依赖关系示意图

(a)源模式;(b)选择分支增加存在数据依赖;(c)选择分支增加存在控制依赖

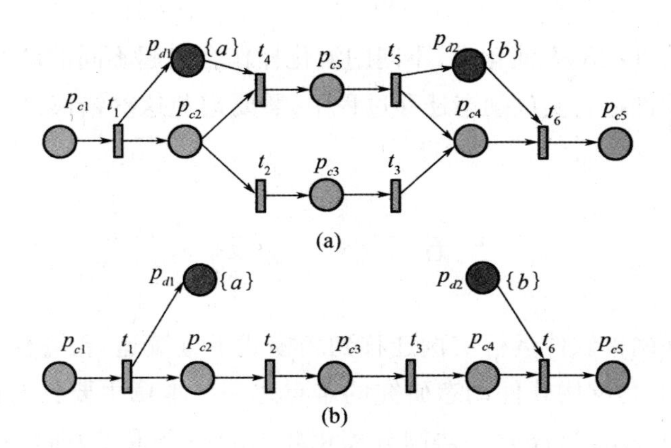

图 5.8　选择分支删除操作的数据依赖关系示意图

(a)源模式;(b)选择分支删除模式

5. 循环体内活动添加或删除操作

如果删除循环体内改变循环条件判断参数的活动,如图 5. 9(a)中删除活动 t_2 演化为图 5. 9(b)模式后,则 $G(condition)<c>=\text{false}$ 和 $G(\neg condition)$

<*c*> = false，因此产生判断参数缺失而引起循环混乱。循环体内添加活动和删除不改变判断条件的活动，与活动序列的加入或删除操作情况相同。

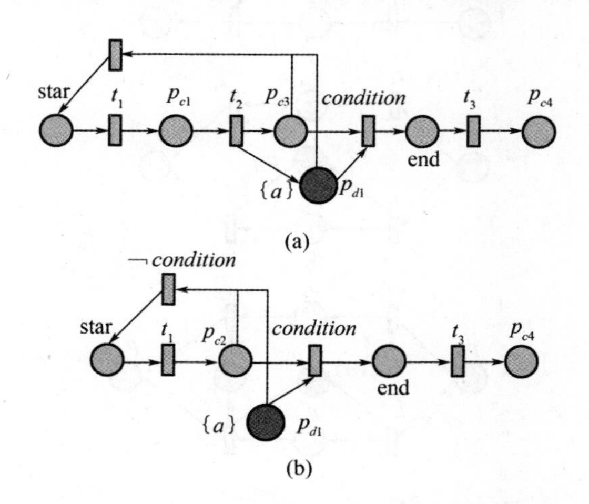

图 5.9　循环分支删除操作的数据依赖关系示意图

(a)源模式；(b)循环体内删除活动模式

在网构软件的动态演化中，不同的演化操作会引起不同的动态演化错误。在进行网构软件运行实例动态迁移过程中，需要避免这些错误，保证迁移的可实施性。

5.6　小　　结

如何确保网构软件运行实例迁移到新模式下继续运行，并保证它的目标状态是有效的，是网构软件动态研究的难点之一。本章主要针对网构软件动态演化过程中，需要遵循软件协同分离化要求的一个重要方面——数据流与控制流分离，基于着色 Petri 网，描述了面向数据流和控制流的 IW_CPN 模型，为分析网构软件数据流与控制流分离以后的数据流、控制流和数据流/控制流交叉作用等特性提供了形式化基础。同时针对当前对数据流特点研究较少的现状，重点分析了该模型的数据依赖关系，将数据依赖关系细分为参数依赖关系和活动数据依赖关系，较全面刻画了网构软件数据流的约束关系，从而将数据流显式地引入网构软件动态演化分析中。在此基础上，基于 IW_CPN 模型，根据动态演化操作特性、动态演化中可能出现的错误，重点分析了不同演化操作可能出现的数据依赖关系错误和数据流/控制流交叉依赖产生的动态演化错误，达到了在数据流与控制流分离前提下，研究网构软件动态演化特征的目的，为制定切实可行的网构软件运行实例可迁移性准则提供了技术基础。

第6章　网构软件运行实例动态迁移准则

本章根据第5章分析的 IW_CPN 模型数据流的性质和动态演化错误，首先分析网构软件运行实例动态迁移特性；其次为了避免数据流方面的动态演化错误，论述了面向数据流的网构软件运行实例的动态可迁移性准则；然后根据网构软件数据流和控制流分离后，它们之间的交叉作用特性，探讨了网构软件运行实例关于数据流/控制流交叉依赖关系的动态可迁移性准则，从而刻画出完整的网构软件运行实例的动态迁移约束特性；最后通过实验说明本章方法，在以数据流为主的网构软件动态演化实施过程中更具有可行性和适用性。

6.1　运行实例动态迁移

软件系统的错误修正、功能完善和性能优化需要实施演化。动态演化要求在不中断软件所提供服务的前提下，自动或借助外部动作指导下发生的软件改变活动。动态演化是在软件维护、演化、自适应等相关概念基础上衍生的一种粒度更细、关注点更集中的概念[26]，要求将正在执行的运行实例从当前流程模式（源模式）迁移到新流程模式下（目标模式）执行。

对于网构软件中正在执行实例的迁移，有以下三种不同的处理方法[12,17]。

（1）按照新的流程模式重新执行，这种方式使得当前流程已执行部分的结果不能在新流程中继续使用，这对于网构软件的用户来说是不可接受的。

（2）按照原来的流程模式继续执行，这种方式使得新流程模式不能得到及时运行，用户无法享受到新流程模式带来的好处。

（3）将当前的运行实例动态地迁移到新流程模式下继续执行，并且保持当前运行实例中已执行活动的相关数据、状态、关系和结果能够在目标模式下继承或延续，并在后续的活动执行中得到应用。

显然网构软件的动态演化需要以第三种方式实现运行实例的动态迁移。实例动态迁移要求网构软件系统能够在运行过程中对外部环境和应用需求的变化做出适当反应，从而使其所提供服务的功能或性能等维持在一个令人满意的水平上[2]。网构软件具有软件实体主体化、软件协同分离化等特征。软件实体主体化要求软件实体具有内容的自包含性、结构的独立性与实体的适应性，从而较好地适应不断开放的开发与应用环境对软件实体的需求。软件协同是指软件实体之间建立通信联系，约束其交互，以使之和谐工作，而达成既定目标的过程。软件协同分离化要求实现流程模式中数据流和控制流分离。因此，网构软件运行实例的动态迁移必须适应软件实体主体化和软件协同分离化的要求。

网构软件运行实例迁移需要保证实例迁移的正确性[9]。实例迁移的正确性直接决定了运行实例能否从源模式迁移到目标模式下继续执行。从网构软件为用户提供服务的流程模式和业务过程上看，运行实例迁移的正确性有通用正确性和特定应用正确性两个方面[11]。

（1）通用正确性　要求运行实例从源模式迁移到目标模式后，依然可以顺利执行，在流程上不会导致活动执行的阻塞、死锁或状态跳变等故障的发生。如果发生迁移的实例活动及其过程参与到一个全局的流程协作，运行实例的迁移要能够与全局流程相互协调、兼容或继承，不会影响到其他活动及其过程的交互与协助，保证全局的流程协作的有效性和正确性。

（2）特定应用正确性　要求运行实例从旧流程模式切换到新流程模式之后，能够保持在特定应用领域内的业务规则继续执行，并且满足用户的需求。

运行实例动态迁移首先需要关注实例迁移的通用正确性。保证通用正确性的前提是目标模式的正确性，如果目标模式的正确性不能保证，那么迁移后的运行实例的正确性就无法得到保证。因此，过程模型的正确性定义是保证运行实例的动态迁移的前提。由于网构软件的数据流和控制流决定了它的整体流程，因此定义过程模型的正确性，需要从控制流（Control Flow）和数据流（Data Flow）的正确性入手。

过程模型的控制流正确性关注于过程模型的结构正确性，例如无锁、弱终止性（Weak Termination）[106,107]等；过程模型的数据流正确性则关注过程模型中活动之间数据依赖的可满足性，例如需要避免过程模型中某一活动的输入没有事先定义的情形。从控制流的角度上看，为了保证过程模型的正确性，需要满足过程模型的合理性（Soundness）[23,108]要求，具体包括以下三方面：

(1)弱终止性,即保证流程在控制流上无死锁和活锁;

(2)恰当终止性,即在流程中无悬而未决的状态;

(3)无死活动,即在流程中任何活动都有机会发生。

在保证控制流合理性基础上,实例动态迁移还需进一步考虑数据流正确性,不能产生数据缺失、数据冗余和数据丢失等错误[22],同时满足数据依赖关系的一致性。当网构软件运行实例实施动态迁移时,已执行活动及系统过程处于一个状态(当前状态或源状态),在运行实例迁移过程中需要保证从当前状态到目标状态是可达的,同时这些状态在未来将执行的活动中能够延续使用。因此,将网构软件的软件实体的运行实例从当前流程模式(源模式)动态地迁移到新流程模式(目标模式)下继续执行,要求:

(1)满足控制流的动态合理性,不能引入控制流方面的动态演化错误,使目标模式产生死锁、活锁或流程异常终止等现象[22,24]。

(2)满足数据流的正确性,不能产生数据缺失、数据冗余和数据丢失等方面的错误,同时保证数据依赖关系的一致性。

(3)源状态的继承性和目标状态的有效性,即已执行活动的相关数据状态、控制状态及其相互关系能够在目标模式下继承,并在后续的活动执行中得到应用,并且保证从源状态到目标模式状态是可达的。

在错误修正、功能完善和性能优化等条件下,网构软件当前的运行实例必须进行迁移以满足用户新的需求。在网构软件源模式基础上,当执行运行实例动态迁移时,有以下几个步骤。

(1)构建网构软件目标模式,暂停当前运行实例的执行,获取各个运行实例已执行活动的相关状态。

(2)判定运行实例是否可迁移,并且确定实例迁移到新的流程模式以后的目标状态是否有效。此时不仅要判断实例已执行的活动是否能够在目标模式下重现,并且要确定相应活动相关数据依赖关系是否可以继承,且相关状态是否可以延续使用,若该实例可迁移,还需进一步确定迁移的目标状态是否有效。

(3)利用状态回滚(State Rollback)或延迟迁移(Delayed Migration)技术,确定新目标流程模式下,从哪一个活动开始恢复执行,并保证数据依赖关系稳态的继承性,若运行实例不可迁移,则在源模式下恢复执行该实例。

实例迁移过程中,如果在控制流上不能保持弱终止性、恰当终止性和无死活动,在数据流上不能避免数据缺失、数据冗余和数据丢失等错误,并且无法保持数据依赖关系的一致性,就会引发控制流错误和数据流错误,这一系列错误统称为动态演化错误(Dynamic Change Bug)[17,35]。对于待迁移的运行实例而言,由于它首先需要按照源模式执行,在迁移后需要按照目标模式执行,在实施迁移的过程中,在何种状态下将运行实例由源模式切换到目标模式,切换到目标模式以后的系统处于何种状态都是不容易确定的,因此直接验证运行实例动态迁移的正确性十分困难,从而很难检验待迁移运行实例是否可以迁移到目标模式下。

在将运行实例由源模式切换到目标模式时,需要将该实例在源模式下的执行状态映射到目标模式,对于一个一般的程序而言,确定某一状态映射所获得的目标状态是否有效(Valid)是一个不可判定问题[44]。在运行实例迁移过程中,有效状态可以保证实例能够继续执行,从而能够在有限时间内到达目标流程下的一个有效状态。上述结论表明,目前尚无法直接验证运行实例迁移的正确性。但是并不是运行实例的动态迁移无法实施,当前的解决方式是为过程实例迁移的正确性找到一些充分条件,从而利用这些充分条件来判断运行实例是否可以迁移。将运行实例迁移的正确性定义作为检验过程实例可迁移性的源准则,而将源准则的充分条件作为检验过程实例可迁移性的目标准则,形成了实例的可迁移性准则(Migratability Criteria)[12]。

网构软件运行实例的动态迁移及其可迁移性准则必须适应软件实体主体化、软件协同分离化等网构软件特征要求。对于运行实例动态迁移的研究,主要从服务编制和服务编排两个层次,从控制流和数据流两个方面着手研究。目前更多的研究主要是从控制流入手对实例的动态迁移进行研究[109~117]。从数据流方面主要是借助于实例的过程模型中数据关系对其进行深入研究,将变量(数据)添加到过程模型中,主要有以下两种作法。

(1)将变量以及对变量的读写操作作为一阶实体(First - Class Entities)引入到过程模型中[19~21]。这类方法中,变量以及对变量的操作均被显式地刻画,这有助于过程建模中发现数据流错误。这类方法的缺点在于对大规模系统进行建模时,相应的过程模型可能会变得非常复杂。

(2)将活动的输入和输出变量作为活动的标签附加到活动上[11,24]。这类方法制定的过程模型较为简单,当过程模型需要演化时,需要通过相应的机制来保证目标模式控制流和数据流的正确性。

从上面的分析看出，当前的研究将数据流依附在控制流上，把变量作为过程模型的一阶实体或把变量作为标签附加到活动上，这样数据（参数）与活动捆绑得过于紧密，而忽略了数据流的特点，既不能完全反映数据流对运行实例动态迁移的影响特性，也不能满足软件协同分离化[2]的一个重要方面——控制流与数据流分离的要求，从而使网构软件在动态演化方面缺乏有效实用的理论与方法支撑。

为此，本章以第 5 章提出的 IW_CPN 模型为基础，首先重点针对实现数据流和控制流分离以后的网构软件模型中数据依赖关系特性以及动态演化可能产生的错误，论述面向数据流的网构软件运行实例的动态可迁移性准则，不但考虑了源模式和目标模式之间的数据依赖关系，还考虑了源模式和目标模式之间参数非重复性复现的情况，同时根据可迁移性准则要求设计关于数据依赖关系的生成算法。然后，根据网构软件数据流和控制流分离后，它们之间的交叉作用特性，探讨网构软件运行实例关于数据流/控制流交叉依赖关系的动态可迁移性准则，并证明该迁移性准则可确保发生演化的运行实例的目标状态是有效的，从而刻画出完整的网构软件运行实例的动态迁移约束特性。最后，通过实验说明本章方法，使得网构软件动态演化的实施更具有可行性和适用性。

6.2 面向数据流的网构软件运行实例可迁移准则

当用户需求或环境改变时，同时用户要求提供 7 × 24 的不间断服务，网构软件中当前的运行实例必须由当前模式迁移到新模型下继续执行，以满足用户新的需求或适应新的环境。网构软件动态演化要求运行实例迁移到新流程下的一个有效的目标状态下恢复执行。在网构软件运行实例动态迁移过程中，并不是所有实例都可以迁移，可能存在动态演化错误，为了避免这些错误，动态演化过程必须遵循一定的准则。本节重点讨论动态演化数据依赖方面需求遵循的准则。

网构软件运行实例从源模式动态迁移到目标模式下，数据流方面首先需要满足两个方面要求：①满足数据流的动态合理性，不能产生数据缺失（数据尚未建立）、数据冗余（数据未被使用）和数据丢失（多次写入覆盖）错误[22,24]；②满足数据依赖关系的一致性。对于实现数据流与控制流分离的 IW_CPN 模型,需要针对数据依赖关系的特点,设计关于数据依赖关系的运行实例可迁移性准则。

6.2.1　可迁移性准则 6.1

网构软件运行实例的动态迁移过程中,从数据流的角度,源模式中已执行活动之间的数据依赖关系在实例迁移到目标模式之后应保持这种数据依赖关系,因此得出以下的可迁移性准则。

可迁移性准则 6.1 定义　实例的源模式和目标模式分别为 N_s,N_t,在源模式 N_s下某一正在执行的实例的已执行活动序列 $\delta_s = t_1 t_2 \cdots t_n$、参数集合 $V_s = \{v_1, v_2, \cdots, v_n\}$、活动集合 $T_s = \{t_1, t_2, \cdots, t_n\}$、参数依赖关系 R^D 和活动数据依赖关系 R^T,动态迁移到目标模式 N_t的活动序列 $\delta_t = t'_1 t'_2 \cdots t'_m$、参数集合 $V_t = \{v'_1, v'_2, \cdots, v'_m\}$、活动集合 $T_t = \{t'_1, t'_2, \cdots, t'_m\}$、参数依赖关系 $R^{D'}$ 和活动数据依赖关系 $R^{T'}$,若 δ_t的数据依赖关系满足:① $\forall v_i, v_j \in (V_s \cap V_t)$,$v_i R^D v_j \Rightarrow v_i R^{D'} v_j$;② $\forall t_i, t_j \in (T_t \cap T_s)$,$t_i R^T t_j \Rightarrow t_i R^{T'} t_j$,则该实例在数据依赖关系上是可迁移的。

准则 6.1 要求在实例迁移时需要保持数据依赖关系,因此有:

(1)如果源模式 N_s存在参数 v_j依赖于参数 v_i,即 $v_i R^D v_j$,并且参数 v_i和 v_j在目标模式 N_t 中重现,则在目标模式 N_t 中同样有参数 v_j 依赖于参数 v_i,即 $v_i R^D v_j$。

(2)如果源模式 N_s存在活动 t_j数据依赖于活动 t_i,即 $t_i R^T t_j$,并且活动 t_i和 t_j在目标模式 N_t中重现,则在目标模式 N_t中活动 t_j同样数据依赖于活动 t_i,即 $t_i R^T t_j$。

也就是说,如果源模式首先 t_i使用(生产)参数 v_i,t_j再使用(生产)数据 v_j,其中 v_i和 v_j是相互依赖的参数,则在目标模式中,在 t_i'使用(生产)数据 v_i之前,t_j' 不能使用(生产)数据 v_j。如图 6.1(a)中有 $aR^D b$ 和 $t_1 R^T t_2$,则图 6.1(b)中同样有 $aR^D b$ 和 $t_1 R^T t_2$。准则 6.1 保证源模式和目标模式在数据依赖关系的一致性,在实施网构软件运行实例动态迁移时,不会产生数据缺失、数据丢失、数据冗余及相关依赖关系上的错误。

可迁移性准则 6.1 要求保持运行实例源模式和目标模式相关的参数依赖关系以及活动数据依赖关系的一致性。源模式和目标模式相关的参数依赖关系以及活动数据依赖关系可以采用矩阵的形式来表示。

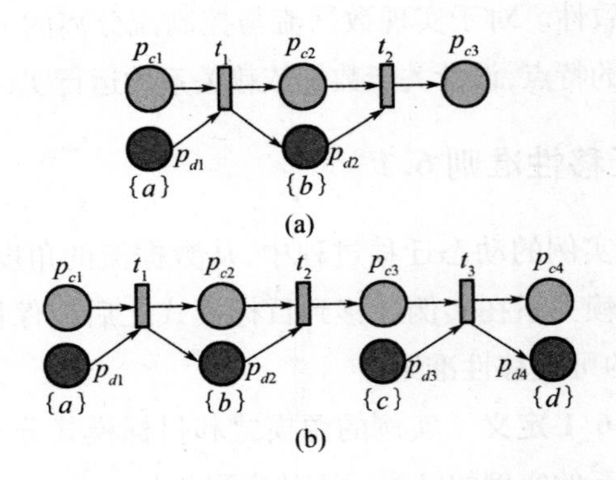

图 6.1　可迁移性准则 6.1 的数据依赖关系示意图

(a)源模式;(b)目标模式

设 IW_CPN 的节点集 $N = P_c \cup P_d \cup T$ 为 $\{n_1, \cdots, n_{m+n+r}\}$,活动集合 $\{t_1, t_2, \cdots, t_n\}$,参数集合 $V = \{v_1, v_2, \cdots, v_n\}$,则有如下矩阵。

(1)节点之间的直接依赖关系矩阵为

$$\boldsymbol{DirNM} = (x_{ij}), 0 \leqslant i, j \leqslant n$$

其中,$x_{ij} = \begin{cases} 1, \text{如果有 } n_j \text{ 直接依赖于 } n_i, \text{即存在 } n_i R^{DD} n_j \text{ 或 } n_i R^{TD} n_j \\ 0, \text{如果 } n_j \text{ 不直接依赖于 } n_i, \text{即没有 } n_i R^{DD} n_j \text{ 和 } n_i R^{TD} n_j \end{cases}$。

(2)节点之间的依赖关系矩阵为

$$\boldsymbol{NM} = (x_{ij}), 0 \leqslant i, j \leqslant n$$

其中,$x_{ij} = \begin{cases} 1, \text{如果有 } n_j \text{ 依赖于 } n_i, \text{即存在 } n_i R^{D} n_j \text{ 或 } n_i R^{T} n_j \\ 0, \text{如果 } n_j \text{ 不依赖于 } n_i, \text{即没有 } n_i R^{D} n_j \text{ 和 } n_i R^{T} n_j \end{cases}$。

(3)直接参数依赖关系矩阵为

$$\boldsymbol{DirAPM} = (x_{ij}), 0 \leqslant i, j \leqslant n$$

其中,$x_{ij} = \begin{cases} 1, \text{如果有 } v_j \text{ 直接依赖于 } v_i, \text{即存在 } v_i R^{DD} v_j \\ 0, \text{如果 } v_j \text{ 不直接依赖于 } v_i, \text{即没有 } v_i R^{DD} v_j \end{cases}$。

(4)参数依赖关系矩阵为

$$\boldsymbol{APM} = (x_{ij}), 0 \leqslant i, j \leqslant n$$

其中,$x_{ij} = \begin{cases} 1, \text{如果有 } v_j \text{ 依赖于 } v_i, \text{即存在 } v_i R^{D} v_j \\ 0, \text{如果 } v_j \text{ 不依赖于 } v_i, \text{即没有 } v_i R^{D} v_j \end{cases}$。

(5)活动间数据依赖关系矩阵为

$$\boldsymbol{ADM} = (x_{ij}),0 \leqslant i,j \leqslant n$$

其中，$x_{ij} = \begin{cases} 1,\text{如果有活动 } t_j \text{ 数据依赖于 } t_i,\text{即存在 } t_i R^T t_j \\ 0,\text{如果活动 } t_j \text{ 不数据依赖于 } t_i,\text{即没有 } t_i R^T t_j \end{cases}$。

通过 IW_CPN 模型可以直接建立节点之间的直接依赖关系矩阵和直接参数依赖关系矩阵,而节点之间的依赖关系矩阵、参数依赖关系矩阵和活动数据依赖关系矩阵需要从这两个矩阵中求取。基于 Warshall 提出的求解传递关系闭包的算法[118~120],这里设计了两个相关依赖关系矩阵的生成算法。

算法6.1　参数依赖关系矩阵生成算法。

```
GenerateAPM(DirAPM)
{
 Input:直接参数依赖关系矩阵 DirAPM;
 Output:参数依赖关系矩阵 APM;
 Initialization:APM = DirAPM;
 if(对于 APM[i][j]等于 1)then
   {
     for (k =0;k <n; k + +)
     {
       APM[j][k] = APM[j][k]∪APM[i][k];
     }//end for;
   }//end if;
}
```

由于参数依赖关系具有传递性(5.4 节所述),算法 6.1 是从模型中的直接参数依赖关系来获取模型中的全部参数依赖关系,并以矩阵的形式出现,以便在实例迁移时,用以对比源模式和目标模式的参数依赖关系。

算法6.2　节点之间的依赖关系矩阵和活动数据依赖关系矩阵生成算法。

```
GenerateNM andADM (DirNM)
{
 Input:节点之间的直接依赖关系矩阵 DirNM;
```

```
Output:节点之间的依赖关系矩阵 NM 和活动数据依赖关系矩阵 ADM;
Initialization:NM = DirNM; int u =0; int h =0;
if(对于 NM[i][j]等于 1)then
 {
  for (int k =0;k < (m +n +r); k + +)
   {
    if(当 i 所对应节点的输入参数与输出参数相同时)then
     {
      NM[j][k] = NM[j][k]∪NM[i][k];
     }//end if;
   }//end for;
 }//end if;
if(对于 NM[i][j]中每个元素对应的节点类型为活动(变迁))then
 {
  repeat:
   {
    ADM[u][h] = NM[i][j];u + +;h + +;
   }//end repeat;
  Until:遍历 NM;
 }//end if;
}
```

算法 6.2 的主要思想是,遍历 IW_CPN 模型中的每个数据库所 p_{di} 中具有相同参数的两类数据弧集 $A_{d1} = T_{in} \times p_{di}$ 和 $A_{d2} = p_{di} \times T_{out}$,找到与之相关联的活动,即如果 $t_1 \in T_{in}, t_2 \in T_{out}, a_{d1} \in A_{d1}, a_{d2} \in A_{d2}, a_{d1} = t_1 \times p_{di}, a_{d2} = p_{di} \times t_2$,并且数据弧 a_{d1} 和 a_{d2} 具有相同的参数,则 t_1 和 t_2 数据相关。从而由节点之间的直接依赖关系矩阵得出节点之间的依赖关系矩阵,然后将节点类型为活动(变迁)的节点提取出来,形成活动数据依赖关系矩阵。

6.2.2 可迁移性准则 6.2

在运行实例动态迁移的过程中,可能会在流程模式中删除一些活动,此时活动的参数也会被删除。同时也可能会在目标模式增加(或替换)一些活动,活动所属的参数也会被引入到目标模式中,这样源模式中的参数可能在目标模式中出现,但这些参数属于新增加的活动,从而形成了源模式和目标模式参数的非重复性复现的现象。例如在图6.2中,从源模式到目标模式的动态演化首先删除活动t_2和t_3,然后再增加t_5和t_6。源模式N_s中,$\delta_s = t_1t_2t_3t_4$,在t_2和t_3中有参数b依赖于参数a,而t_3数据依赖于t_2;目标模式N_t中,$\delta_t = t_1t_5t_6t_4$,参数b和参数a分别是t_5和t_6的输入参数,参数b和参数a不相关,t_5和t_6之间也不存在数据依赖关系。

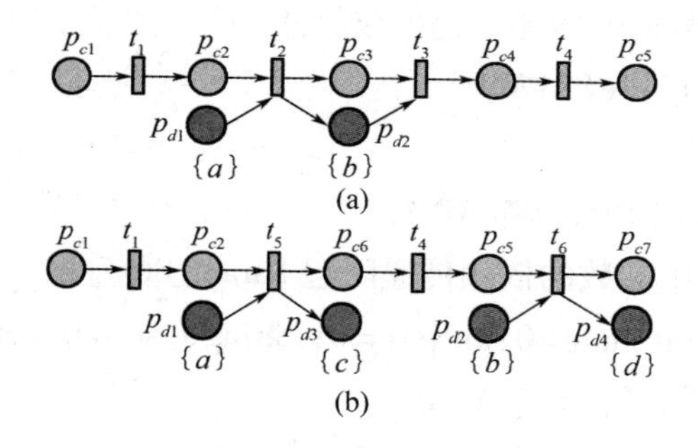

图6.2 可迁移性准则6.2的数据依赖关系示意图

(a)源模式;(b)目标模式

从准则6.1来看,源模式和目标模式参数的非重复性复现并没有被考虑到。参数的非重复性复现是指参数在目标模式中所属的活动,并不是源模式中该参数所属的活动。如图6.2(a)中的源模式N_s有$\delta_s = t_1t_2t_3t_4$,其中aR^Db和$t_2R^Tt_3$,参数a和b分别是t_2的输入和输出参数;图6.2(b)中的目标模式N_t中$\delta_t = t_1t_5t_6t_4$,有aR^Dc和bR^Dd,a和b分别是t_5和t_6的输入参数。准则6.1下存在这种情况时,实例不可迁移。为了使这种情况下实例可迁移,这里给出准则6.2。

可迁移性准则6.2定义 实例的源模式和目标模式分别为N_s,N_t,在源模式N_s下某一正在执行的实例的已执行活动序列$\delta_s = t_1t_2\cdots t_n$、参数集合$V_s = \{v_1, v_2, \cdots, v_n\}$、活动集合$T_s = \{t_1, t_2, \cdots, t_n\}$、参数依赖关系$R^D$的传递闭包$\delta_s(R_D^+)$和活动数据依赖关系$R^T$的传递闭包$\delta_s(R_T^+)$,其动态迁移到目标模式$N_t$的活动序列$\delta_t = t'_1t'_2\cdots t'_m$、$V_t = \{v'_1, v'_2, \cdots, v'_m\}$、$T_t = \{t'_1, t'_2, \cdots, t'_m\}$、参数依赖关系$R^{D'}$的传递闭包$\delta_t(R_{D'}^+)$和活动数据依赖关系$R^{T'}$的传递闭包

$\delta_t(R_{T'}^+)$（其中 $\delta_t = \delta_s \uparrow T_t$，表示 δ_s 到 T_t 的投影，即去掉 δ_s 中不属于集合 T_t 中的活动，而 δ_s 中剩余活动的相对顺序保持不变[12]），若 δ_t 的数据依赖关系满足：①（$\forall v_i' \in V_t$）$\subseteq V_s$，$\delta_t(R_{D'}^+) \subseteq \delta_s(R_D^+)$；② $\delta_t(R_{T'}^+) \subseteq \delta_s(R_T^+)$，则该实例在数据依赖关系上是可迁移的。

准则 6.2 中，当源模式到目标模式的参数依赖关系和活动数据依赖关系的传递性得到保证时，则实例可迁移。依据准则 6.2，图 6.2(b) 有 $\delta_t(R_{T'}^+) = \delta_s(R_T^+)$ 和 $\delta_t(R_{D'}^+) = \delta_s(R_D^+)$，所以可迁移，从而保证了源模式到目标模式参数的非重复性复现。这里需要计算参数依赖传递闭包和活动数据依赖传递闭包。

算法 6.3　参数依赖传递闭包生成算法。

```
Generate Tranclosure( APM)
{
 Input:参数依赖关系矩阵 APM;
 Output:APM 中参数的依赖传递闭包 Param_Str[ ];
 Initialization:int num =0;int pos =0; String t_str =0,Param_Str[ n] =0;
 if(对于 APM[ i][ j]等于 1)then
  {
   t_str ← APM[ i][ j]对应行节点的参数 vi + APM[ i][ j]对应列节点的
参数 vj;
   //(即串 t_str = vivj)
  for( int u =0;u < n;u + + )
   {
    if(参数 vu的依赖传递闭包 Param_Str[ u]中包含没有 t_str)then
     {
      Param_Str[ u]←Param_Str[ u] + t_str;
     }//end if;
   }//end for;
  for (int k =0;k < n; k + + )
   {
    Param_Str[ u]←Param_Str[ u] + APM[ i][ j]对应行节点的参数 vi + k
在 APM 所对应的参数 vk + APM[ i][ j]对应列节点的参数 vj;
```

```
    }//end for;
  }//end if;
}
```

算法6.3的主要思想是遍历参数依赖关系矩阵,将每个参数的依赖传递闭包以串的形式表现出来,活动数据依赖传递闭包与算法6.3相似,这里不介绍。

上述讨论的是网构软件运行实例迁移的数据依赖关系的性质以及由其性质推导出来的基于数据依赖关系的可动态演化准则(基本要求)。上述的两个准则是从数据依赖关系的角度,在不引入数据流错误的基础上进行分析和推导的。在第5章的分析中,网构软件实现数据流和控制流分离以后,在动态演化过程中还有可能会因控制流和数据流之间产生交叉依赖关系而产生死锁,因此在考察网构软件运行实例迁移过程中,还需要避免由数据流/控制流交叉依赖关系而导致的动态演化错误。

6.3　面向数据流/控制流的运行实例可迁移性准则

从IW_CPN模型的动态运行规则上看,引起控制流/数据流的冲突而产生死锁的两个原因是:数据流之间形成循环依赖关系,数据流和控制流之间形成循环依赖关系。由于动态演化的正确性是一种动态正确性,因此要消除因为数据依赖关系的改变引起的控制流/数据流交叉依赖关系,而引发动态演化错误的原因,运行实例的源模式和目标模式必须遵循IW_CPN模型的约束及其动态运行规则,因此得到可迁移性准则6.3。

可迁移性准则6.3定义　实例的源模式和目标模式分别为N_s,N_t,在源模式N_s下某一正在执行的实例的已执行活动序列$\delta_s = t_1 t_2 \cdots t_n$、参数集合$V_s = \{v_1, v_2, \cdots, v_n\}$、活动集合$T_s = \{t_1, t_2, \cdots, t_n\}$,其动态迁移到目标模式$N_t$的活动序列$\delta_t = t'_1 t'_2 \cdots t'_m$、$V_t = \{v'_1, v'_2, \cdots, v'_m\}$、$T_s = \{t'_1, t'_2, \cdots, t'_m\}$、参数依赖关系$R^{D'}$的传递闭包$\delta_t(R^+_{D'})$和活动数据依赖关系$R^{T'}$的传递闭包$\delta_t(R^+_{T'})$(其中$\delta_t = \delta_s \uparrow T_t$),如果$\exists \lambda = t''_1 t''_2 \cdots t''_m$和$\exists \rho = t''_1 t'_1 t''_2 t'_2 \cdots t''_m t'_m$(其中,$t''_i$为空活动或者为目标模式下可发生的活动)、参数依赖关系传递闭包$\lambda(R^+_D)$和活动数据依赖关系传递闭包$\lambda(R^+_T)$,若δ_t的数据依赖和控制依赖关系满足:①$t''_i \cap$

$\delta_t=\varphi \wedge \lambda(R_D^+) \not\subseteq \delta_t(R_{D'}^+) \wedge \lambda(R_T^+) \not\subseteq \delta_t(R_{T'}^+)$；②$M_0[t_0t_1t_2\cdots t_m>M_t$，则该实例是可迁移的，$M_t$即为目标状态。

要证明准则 6.3 保证在实例的动态迁移过程中不会因数据流/控制流的冲突而产生死锁，并且迁移后的目标状态是有效的，则需证明：

(1)准则 6.3 不会引起数据依赖关系错误；

(2)准则 6.3 确保控制流/数据流依赖关系不会产生冲突，而导致服务流程产生死锁。

证明：

(1)不会引起数据依赖关系错误。由于 $t''\cap\delta_t=\varnothing$，因此，不存在重复的活动，同时由于 $\lambda(R_D^+) \not\subseteq \delta_t(R_{D'}^+) \wedge \lambda(R_T^+) \not\subseteq \delta_t(R_{T'}^+)$，表明实例从源模式迁移到目标模式下已执行活动的参数依赖关系、活动数据依赖关系及其传递闭包，与目标模式下其他活动的参数依赖关系、活动的参数依赖关系及其传递闭包是相互独立的，因此不会引起数据依赖关系错误的发生。

(2)确保控制流/数据流依赖关系不会产生冲突，而导致服务流程产生死锁。控制流/数据流依赖关系产生冲突主要发生在并行分支增加模式和选择分支增加模式。由于 $M_0[t_0t_1t_2\cdots t_m>M_t$，则从初始状态开始经过 m 步，对于每一步 Y_i是使能的，并且其绑定是有效的，同时该步对应的活动 t_i可引发，在所有的 m 步发生后，其标识变为 M_t，根据 IW_CPN 网中的动态运行规则，M_t是有效的。证毕。

准则 6.3 保证实例在发生迁移时数据流/控制流的一致性，如图 6.3(a)的源模式中有 $aR^Db \wedge t_2R^Tt_3$，演化为图 6.3(b)模式后有 $aR^Db \wedge t_2R^Tt_3, cR^Dd \wedge t_4R^Tt_5, \lambda=t_4t_5, \delta_t=t_1t_2t_3$ 和 $\lambda(R_D^+) \not\subseteq \delta_t(R_D^+) \wedge \lambda(R_T^+) \not\subseteq \delta_t(R_T^+)$，同时 $G(t_4)<b>$ 和 $G(t_5)<b>$ 为真，所以 $M_s[t_4t_5>M_t$，因此该实例可迁移。

准则 6.1 保证实例在源模式和目标模式中的数据依赖关系的一致性，不会产生数据缺失、数据丢失、数据冗余及其依赖关系的错误；准则 6.2 则从数据流的角度，进一步保证了数据流在源模式和目标模式上参数的非重复性复现的可迁移性；准则 6.3 则从数据流和控制流相结合的角度，保证实例从源模式到目标模式可迁移的一致性、合理性和正确性。

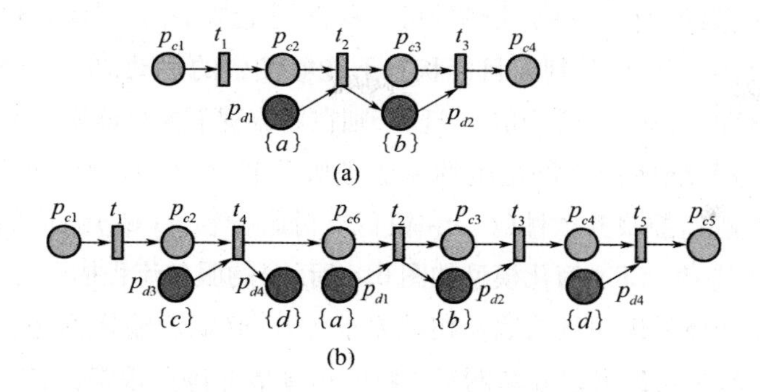

图 6.3　可迁移性准则 6.3 的数据依赖和控制依赖关系示意图

(a)源模式;(b)目标模式

6.4　实验与分析

为验证本章所论述动态演化准则的正确性和一致性,开发了动态演化管理引擎原型,并进行了物流服务系统网构软件实例动态迁移的模拟实验。物流服务系统是由 4 个服务软件组成的网构软件,该软件物流服务系统原则上要求提供 7 ×24、不断演化更新、智能化的服务,以该系统作为原型对网构软件动态演化技术进行实验验证,能够较好地检验本章所探讨的可迁移性准则适用性和可行性。管理引擎主要功能是管理、判断和实现物流服务系统网构软件原型实例的动态迁移,其步骤如下。

(1)构建物流服务系统网构软件源模式,借鉴文献[24]和[121]方法与规则,构建与源模式流程相容的新流程。新流程的活动用 IW_CPN 中的变迁来表示,活动的输入变量和输出变量转换为 IW_CPN 中的相应元素,从而获得目标模式及其活动系列,将源模式和目标模式转换为 IW_CPN,建立各模式的节点之间的直接依赖关系矩阵和直接参数依赖关系矩阵。

(2)按照源模式的 IW_CPN,模拟多个物流服务系统应用运行实例。

(3)暂停当前正在执行的实例,判定实例的可迁移性以及确定目标状态。从日志文件中获取各个实例的历史执行信息(即已执行活动序列以及相关参数信息),根据实例的已执行活动序列和数据依赖关系,判断在源模式下正在执行的实例是否可以迁移到目标模式。

(4)恢复系统运行。根据实例的可迁移性判定结果,若实例是可迁移的,则可根据已执行活动信息并判断目标状态下能够发生的活动,在目标模式下恢复执行能够迁移的实例。若实例不可迁移,则在原流程下恢复该实例的执行。

物流服务系统网构软件是由物流业务服务软件(C_1)、运输服务模拟软件(C_2)、网上跟踪监控服务软件(C_3)和银行支付服务软件(C_4)组成的软件联盟。第一个版本(其 IW_CPN 简化模型如图 6.4 所示)的服务流程描述为当客户要求运货时,首先选择货运的目的地及相关要求,然后确定运输货物并签订合同;在运输过程中,客户可以通过互联网对货物的运输情况进行跟踪,当货物送达目的地后,客户验货、计算实际运输费用并付款。在计算实际运输费用时,根据货物交付运输和货物到达时的日期、状态与合同规定的误差,分为三个等级:

(1)如果没有误差,则按照合同规定(f)的金额付款(p),即 $p=f$;

(2)如果误差在一定范围内,即 $\Delta t=[0,t_1]$,$\Delta s=[0,s_1]$,则 $p=f(\alpha_1\Delta t+\beta_1\Delta s)$;

(3)如果误差超过了一定范围,即 $\Delta t>t_1$,$\Delta s>s_1$,则 $p=f(\alpha_2\Delta t+\beta_2\Delta s)$。

在第一个版本的基础上,改进了业务流程(图 6.5),新增对货物运输环境实施监控的功能(t_{10}),即采用二维码对货物进行标识,并采用温度、湿度和空气等传感器获取运输途中的环境状态,然后通过有线网络或无线传感器网络实现运输途中货物状态、运输环境和物品位置等与互联网连接,客户可以在互联网对运输环境实施监控,该功能在试运行期间对客户免费;相应地 C_1 增加了一种货物运输业务,将运输方式分为两种,一种是普通运输(t_2),另一种是状态监控运输,即在互联网上为客户提供对运输过程的环境实施监控(t_{11}),实现从版本 1 演化到版本 2。新增功能试运行一段时间稳定后,决定针对状态监控运输方式新增一种监控费用结算方法(图 6.6 中 t_{12}),有:

(1)当客户选择普通运输方式(t_2)时采用原来的计费方法(t_8);

(2)当客户选择监控运输方式(t_{11})时采用新增的监控计费方法(t_{12}),在 t_{12} 将运输过程中的环境状态作为计费的依据,它的 3 种计费方式分别为 $p=f$,$p=f(\varepsilon_1\Delta t+\delta_1\Delta s+\gamma_1\Delta e)$ 和 $p=f(\varepsilon_2\Delta t+\delta_2\Delta s+\gamma_2\Delta e)$。

这样就实现版本 2 演化到版本 3(图 6.6)。该系统 IW_CPN 模型中活动(表示为 $T,t_1,t_2,\cdots,t_{12}$ 是 T 的成员)、数据库所(表示为 $P_d,p_{d1},p_{d2},\cdots,p_{d12}$ 是 P_d 的成员)和相关参数(表示为 $V,v_1,v_2,\cdots,v_{11}$ 是 V 的成员,每个数据库所 p_{di}

对应一个参数 v_j）如表 6.1 和表 6.2 所示。

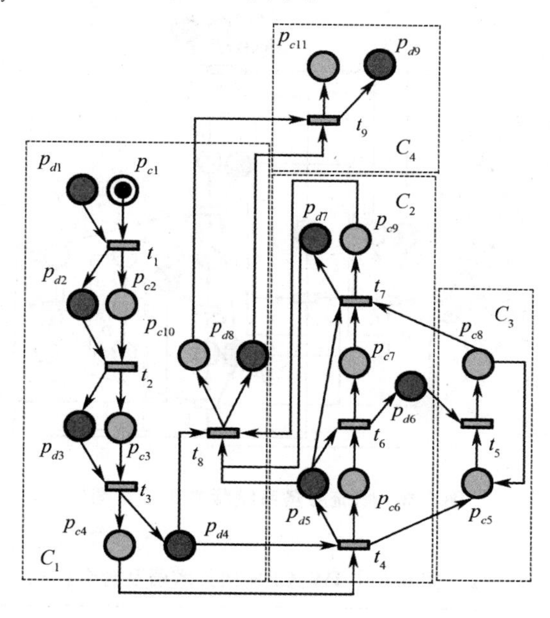

图 6.4　物流服务系统版本 1 示意图

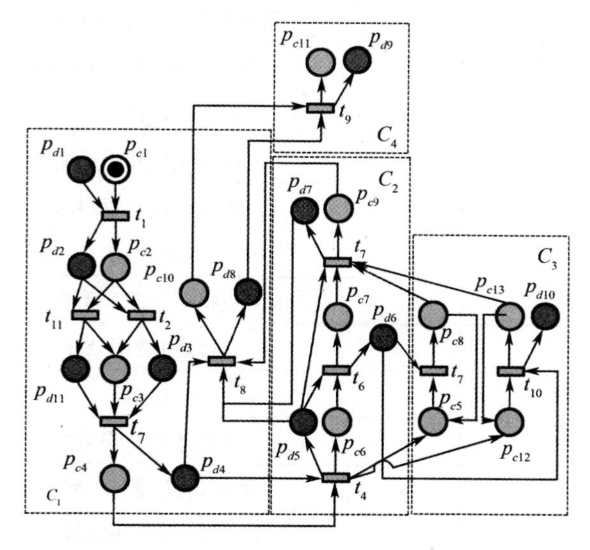

图 6.5　物流服务系统版本 2 示意图

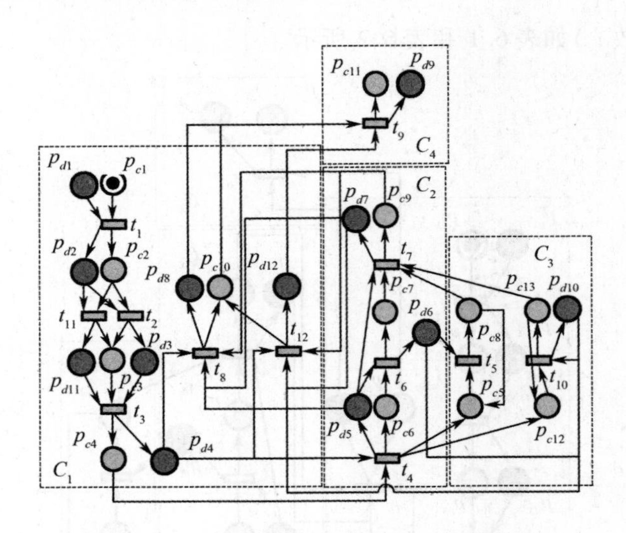

图 6.6　物流服务系统版本 3 示意图

表 6.1　图 6.6 中 IW_CPN 相关术语及含义(一)

T	含义
t_1	选择运输的货物及目的地
t_2	确定运输(普通)要求
t_3	签订合同
t_4	货物交付开始运输
t_5	货物运输位置跟踪
t_6	货物运输
t_7	货物到达客户验货
t_8	(普通)费用结算
t_9	付款
t_{10}	货物运输状态监控
t_{11}	确定运输(监控)要求
t_{12}	(监控)费用结算

表 6.2　图 6.6 中 IW_CPN 相关术语及含义(二)

P_d	V	含义
p_{d1}	—	—
p_{d2}	v_1	运输的货物及目的地
p_{d3}	v_2	运输过程相关(普通)要求
p_{d4}	v_3	计划交付运输及抵达日期及运输金额
p_{d5}	v_4	交付货物数量、状态和日期
p_{d6}	v_5	货物当前所在位置
p_{d7}	v_6	货物到达数量、状态和日期
p_{d8}	v_7	实际运输(普通)应付金额
p_{d9}	v_8	付款金额
p_{d10}	v_9	运输环境温度、湿度和空气状态
p_{d11}	v_{10}	运输过程相关(监控)要求
p_{d12}	v_{11}	实际运输(监控)应付金额

在实验过程中,设定两个演化案例,即从模式 1 到模式 2,模式 2 到模式 3 的动态演化(实例动态迁移场景如表 6.3),在每个演化案例中设计了 10 个实例在随机运行,实验结果如下。

服务迁移实验案例 1:从模式 1 到 2 的动态演化,所有的实例都是可迁移的。如某一服务实例(实例 1)在模式 1 下已执行活动系列为 $\delta_1 = t_1 t_2 t_3 t_4 t_6 (t_5)^3 t_7$[$(t_5)^3$表示 t_5执行 3 次],将其动态迁移到模式 2 下继续执行,则该实例迁移到新模式下的活动系列为 $\delta_2 = t_1 t_2 t_3 t_4 t_6 (t_5)^3 t_7 t_8 t_9$。依据可迁移准则 2 及其相关的算法判定该实例的可迁移性:① $V_2 \subseteq V_1$,$\delta_2(R_D^+) \subseteq \delta_1(R_D^+)$;②$M_1[t_8 t_9 > M_2$。具体来说,在该状态下通过执行有效的绑定$(t_8, b_8)$和$(t_9, b_9)$,并且能使步 Y_8和 Y_9发生后,得到有效的目标状态为 M_2,因此该服务实例是可动态迁移的。

服务迁移实验案例 2:从模式 2 到 3 的动态演化,如果已执行活动系列包含 $t_1 t_{11}$,而未执行 t_8的实例并且运输过程存在误差时,则不能动态迁移到目标模式下,所以并不是所有的实例都是可迁移的。如有一服务实例(实例 2)在模式 2 下已执行活动系列为 $\delta_3 = t_1 t_{11} t_4 t_6 t_5 (t_{10})^2 t_5 t_7$，要将其动态迁移到服务模式 3 下继续执行，则该活动系列迁移到新模式下的活动系列为 $\delta_4 = t_1 t_{11} t_4 t_6 t_5 (t_{10})^2 t_5 t_7 t_{12} t_9$。根据算法 3，在 δ_3 中参数 v_7 的传递闭包为 $v_1 v_2 v_3 v_4 v_6 v_7$，而在 δ_4 中参数 v_{11} 的传递闭包为 $v_1 v_2 v_3 v_4 v_6 v_9 v_{11}$，即 $V_4 \subseteq V_3$，$\delta_4(R_D^+) \nsubseteq \delta_3(R_D^+)$。所以该实例不可立即迁移到目标模式下，需要采用延时迁移的方法来解决。

表 6.3 实例动态迁移场景说明

案例	源模式	目标模式	演化场景切换	准则
实例 1	$t_1 t_2 t_3 t_4 t_6 (t_5)^3 t_7$	$t_1 t_2 t_3 t_4 t_6 (t_5)^3 t_7 t_8 t_9$	源模式（版本 1）在执行到顾客验货后（t_7），迁移到增加过程监控（t_{10}）功能和状态监控运输方式（t_{11}）的新模式下（版本 2）执行结算和付款	准则 2
实例 2	$t_1 t_{11} t_4 t_6 t_5 (t_{10})^2 t_5 t_7$	$t_1 t_{11} t_4 t_6 t_5 (t_{10})^2 t_5 t_7 t_{12} t_9$	源模式（版本 2）中客户选择状态监控运输（t_{11}），在执行到顾客验货后（t_7），迁移到执行两种结算方式（t_8 和 t_{12}）的新模式下（版本 3）执行结算和付款	准则 3

实验案例同时具有数据流和控制流的特点。为了更深入说明本章方法的有效性，在实验中，我们还利用一些已有的实例可迁移判定方法和本章提供的方法进行了对比实验，实验结果表明：

（1）对于从模式 1 到模式 2，文献[15]、文献[19] ~ 文献[21]、文献[22]和文献[75]提供的方法对其实施动态演化，其结果所有的实例都是可迁移的，与本章方法的结果相同。

（2）对于从模式 2 到模式 3 的实例 2 的可迁移性判定，其结果如表 6.4 所示（√表示从对应的数据流或控制流方面，实例在相应的可迁移性判定方法下是可迁移的；× 表示是不可迁移；—表示未单独从数据流或控制流进行可迁移性判定）。

表6.4　实例2在相关工作中可迁移性比较结果

	文献[15]	文献[19]~文献[21]	文献[22]	文献[75]	本章方法
数据流	—	√	√	×	×
控制流	×	√	—	—	√

根据表6.4,其具体分析如下:

(1)文献[15]的方法将数据绑定到活动中,通过判定活动执行系列的向前兼容和向后兼容对实例的可迁移性进行判定,向前兼容要求实例在源模式已执行活动的每一条后续活动的执行序列都能在目标模式下重现,向后兼容要求该实例活动序列可以在目标模式下按照既定序列重现。实例2的源模式已执行的活动序列为 $t_1t_{11}t_4t_6t_5(t_{10})^2t_5t_7$,则它完全执行时既定的顺序为 $t_1t_{11}t_4t_6t_5(t_{10})^2t_5t_7t_8t_9$,而目标模式为 $t_1t_{11}t_4t_6t_5(t_{10})^2t_5t_7t_{12}t_9$,因此实例2已执行活动序列不满足向后兼容,从控制流上判定是不可迁移的。

(2)文献[19]~文献[21]的方法从读写依赖上进行可迁移性判定,如果实例的已执行活动序列对数据的读写依赖能够严格按照既定顺序在目标模式下重现,则判定可迁移。实例2的源模式已执行 $t_1t_{11}t_4t_6t_5(t_{10})^2t_5t_7$,在目标模式 $t_1t_{11}t_4t_6t_5(t_{10})^2t_5t_7t_{12}t_9$ 下已执行的活动序列对数据的读写依赖能够按照既定顺序重现,因此判定可迁移。

(3)文献[22]的方法将活动的输入和输出变量作为活动的标签,通过判定活动使用数据时是否存在数据尚未建立就被使用、数据创建后从未被使用、对同一数据进行多次写入覆盖等数据流错误,从而判定实例是否可迁移。实例2中并没有出现该文献规定的数据流错误,也没有出现读写上的依赖关系错误,判定是可迁移的。

(4)文献[75]的方法采用数据在活动之间的继承关系进行判定,如果在源模式和目标模式之间符合该文献规定的继承关系,则判定可迁移。在实例2目标模式中 t_{12} 的参数 v_{11} 不继承 t_{10} 的参数 v_9,判定不可迁移。与本章的方法一致,但它并没有从数据流和控制流相结合的角度综合考虑实例的可迁移性。

从表6.4上看,与现有的可迁移性判定方法相比较,一方面,本章论述的实例可迁移性准则首先考虑了服务过程模型的数据流,避免了由于数据依赖关系，一些原本不可迁移的实例迁移到新流程下而引发的错误；另一方面，本章探讨的实例可迁移性标准从数据流和控制流两个方面保证可迁移性判定结果的正确性和全面性，确保可迁移的网构软件运行实例能够实施动态演化，使以数据流为主的网构软件动态演化的实施更具有可行性和适用性。

6.5 小　　结

如何确保网构软件运行实例迁移到新模式下继续运行，并保证它的目标状态是有效的，是网构软件动态演化研究的难点之一。由于动态演化的正确性是一种动态的正确性，为了保证运行实例的可迁移，必须针对可能出现的动态演化错误制定相应实例可迁移性准则。第5章描述了不同演化操作可能出现的数据依赖关系错误，以及数据流/控制流交叉依赖产生的动态演化错误，为了避免这些错误，本章首先论述了面向数据流的网构软件运行实例需要遵循的可迁移性准则，同时设计关于数据依赖关系的生成算法，保证发生动态迁移的实例在数据依赖关系上的一致性；再者根据IW_CPN模型对数据流/控制流的约束关系及其动态运行规则，探讨了网构软件运行实例关于数据流/控制流依赖关系的动态可迁移性准则，并证明该迁移性准则确保发生演化的运行实例的目标状态是有效的。最后实验与分析表明，相对于已有的方法，本章的方法对网构软件，尤其以数据流为主的网构软件动态演化的实施更具可行性和适用性。

第7章　总结与展望

网构软件要求在开放、动态、难控的环境下，具备适应网构软件实体主体化、软件协同分离化等特征的演化机制和技术的支撑，网构软件的演化技术需要从静态演化和动态演化两个方面开展研究。

网构软件静态演化的一个核心问题是：当产生变化的构件（演化源）影响到全局的网构软件时，如何确定网构软件中哪些构件受到影响，并界定它对网构软件的体系结构的影响程度和影响范围。当前的研究主要是对软件静态演化过程及其影响程度和范围进行定性分析，从体系结构构造的角度来保证其演化特性，从构件之间语义关系、语义协议关系的角度来研究具有松散耦合的网构软件静态演化特性很少，缺乏对变化构件在体系结构的影响范围的定量分析和研究，无法获得对静态演化的精确理论和控制。

网构软件动态演化的一个核心问题是：在遵循网构软件实体主体化、软件协同分离化和核心理论的形式化等特征下，如何将软件实体的运行实例从当前流程模式（源模式）动态地迁移到新流程模式下（目标模式）继续执行。当前的研究将数据流依附在控制流上，把变量作为过程模型的一阶实体或把变量作为标签附加到活动上，首先考虑如何保持源模式和目标模式之间控制流的一致性，然后考虑活动变量读写操作的一致性，没有完全反映数据流对服务动态演化的影响特性，不能满足网构软件控制流与数据流分离的要求，从而无法制定有效的实例可迁移性准则。

针对上述静态演化和动态演化的核心问题，本书一方面将网构软件静态演化分析建立在构件之间的语义关系及其语义协议关系上，从构件本身和构件之间的语义关系以及这些语义关系之间的强弱相关性两方面，分析了网构软件静态演化的不同演化操作的波及效应，并探讨了计算波及效应的算法，为网构软件演化的控制和预测提供可量化的依据；另一方面，从网构软件过程模型的数据流和控制流分离的角度，分析网构软件运行实例动态迁移过程中可能产生的错误，为了避免这些错误提出了保证网构软件运行实例的可迁移性准则。本书的创新性在于以下方面。

(1)论述了能够量化衡量演化源对 SA 影响范围与程度的语义关系指数和波及效应指数,将构件之间的语义关系及其时序逻辑性引入到网构软件 SA 静态演化分析中,在构建网构软件相关 SA 语义关系矩阵基础上,针对不同演化操作下不同构件之间语义关系的强弱程度,阐述了 3 种演化操作中演化源对其他构件和整体 SA 的影响程度和影响范围进行定量分析过程,为从更细粒度上较精细地对静态演化的进程及其影响进行预测和控制提供基础。

(2)探讨了用于量化分析不同演化操作影响范围的语义关系链波及效应和语义关系构件波及效应的算法。这两个算法针对当前缺乏从语义关系层面上考察发生变化的构件(演化源)对 SA 影响程度的量化分析方法,将网构软件中构件之间的语义关系的强弱程度反映到构件演化的波及效应计算中,从而实现了粒度更细的演化变化传播特性的定量分析,在一定程度上解决了网构软件静态演化研究中,演化源对 SA 波及效应的量化计算问题。

(3)描述了面向数据流和控制流的网构软件模型——网构软件扩展 IW_CPN 模型,并分析了网构软件关于数据流、数据流/控制流交叉作用引起的动态演化错误。IW_CPN 模型的优点在于,首先能够从数据流与控制流相互分离的基础上对网构软件的静态关系和动态运行两个方面进行建模,在一定程度上满足了分析网构软件动态演化特性需要遵循软件协同分离化的要求;其次,在分析动态演化的进程和特点时,通过该模型不但能够显式地分析数据流引发的动态演化错误,而且能够清晰描述数据流/控制流交叉作用引发的动态演化错误;通过动态演化错误分析,为网构软件实施动态演化奠定基础。

(4)探讨了网构软件运行实例关于数据依赖关系、数据流/控制流交叉依赖关系的动态可迁移性准则。关于数据依赖关系的动态可迁移性准则考虑了数据流独有特性:源模式和目标模式之间参数非重复性复现的情况,与现有的方法相比,保证出现这种情况时实例可迁移;关于数据流/控制流交叉依赖关系的动态可迁移性准则,充分考虑了数据流与控制流分离以后,它们之间交叉作用引起动态演化错误,使得该准则对于具有实体主体化和协同分离化特征的网构软件动态演化的实施更具可行性和适用性。

本书对网构软件静态演化和动态演化存在的一些挑战,分别阐述了相应的解决方案,并在应用实例中得到了很好的验证,有利于算法的进一步应用。

在本书研究的基础上,提出今后进一步研究工作的展望和设想:

(1)现在动态演化的实施自动化程度还较低,例如开发实现一个网构软件自动在线演化工具还需要进一步研究。

(2)探讨面向数据流和控制流的实例可迁移性的可操作性和自动化实现,研究如何高效地检测网构软件运行实例的可迁移性,并高效地实现迁移。

参考文献

[1]杨芙清.软件工程技术发展思索[J].软件学报,2005,16(1):1-7.

[2]吕健,马晓星,陶先平,等.网构软件的研究与进展[J].中国科学(E辑),2006,36(10):1037-1080.

[3]Wang YH,Zhang SK,Liu Y,et al. Ripple – Effect analysis of software architecture evolution based on reachability matrix[J]. Journal of Software,2004,15(8):1107-1115.

[3]王映辉,张世琨,刘瑜,等.基于可达矩阵的软件体系结构演化波及效应分析[J].软件学报,2004,15(8):1107-1115.

[4]Medvidovic N,Grünbacher P,Egyed A,et al. Bridging models across the software lifecycle. Journal of Systems and Software[J]. 2003,68(3):199-215.

[5]Allen R J,Douence R,Garlan D. Specifying and analyzing dynamic software architectures[C]. Proceedings of the Conference on Fundamental Approaches to Software Engineering. Lisbon,LNCS 1382,1998:21-37.

[6]Shen JR,Sun X,Huang G,et al. Towards a unified formal model for supporting mechanisms of dynamic component update[C]. Proceedings of the ACM SIGSOFT Symp. on Foundations of Software Engineering. New York:ACM Press,2005:80-89.

[7]Oreizy P,Medvidovic N,Taylor RN. Architecture – Based runtime software evolution[C]. Proceedings of the 20th International Conference on Software Engineering. Washington:IEEE Computer Society Press,1998:177-186.

[8]Sun CA,Jin MZ,Liu C. Overviews on software architecture research[J]. Journal of Software,2002,13(7):1228-1237.

[9]Bohner SA. Impact analysis in the software change process:A year 2000 perspective[C]. Proceedings of the International Conference on Software Maintenance (ICSM96). Washington,USA,IEEE,1996:42-51.

[10] Ryder BG, Tip F. Change impact analysis for object – oriented programs[C]. Proceedings of 2001 ACM SIGPLAN – SIGSOFT Workshop on Program Analysis for Software Tools and Engineering. New York: ACM Press, 2001, 46-53.

[11] 宋巍, 马晓星, 胡昊, 等. 过程感知信息系统中过程的动态演化[J]. 软件学报, 2011, 22(3): 417-438.

[12] 宋巍, 马晓星, 等. Web 服务组合动态演化的实例可迁移性[J]. 计算机学报, 2009, 32(9): 1816-1831.

[13] 曾晋, 孙海龙, 刘旭东, 等. 基于服务组合的可信软件动态演化机制[J]. 软件学报, 2010, 21(2): 261-276.

[14] 印桂生, 宋敏, 韦正现, 等. 面向构件语义关系的软件体系结构演化分析[J]. 哈尔滨工程大学学报, 2011, 32(10): 1329-1335.

[15] Ryu S H, Casati F, Skogsrud H, et al. Supporting the dynamic evolution of Web service protocols in service – oriented architectures[J]. ACM Transactions on the Web. New York: ACM Press, 2008, 2(2): 1-45.

[16] Song W, Ma X X, Dou W C, et al. Toward a model – based approach to dynamic adaptation of composite services[C]. Proceedings of the IEEE International Conference on Web Services. Beijing, China, 2008: 561-568.

[17] Van der Aalst WMP, Basten T. Inheritance of workflows: An approach to tackling problems related to change[J]. Theoretical Computer Science, 2002, 270(1/2): 125-203.

[18] Rinderle S, Reichert M, Weber B. Relaxed compliance notions in adaptive process management systems[C]. Proceedings of the International Conference on Conceptual Modeling. Catalonia, Spain, 2008: 232-247.

[19] Reichert M, Rinderle – Ma S, Dadam P. Flexibility in process – aware information systems[J]. Trans. on Petri Nets and Other Models of Concurrency, LNCS 5460, 2009, 2: 115-135.

[20] Reichert M, Dadam P. ADEPT flex – supporting dynamic changes of workflows without losing control. Journal of Intelligent Information Systems[J]. 1998, 10(2): 93-129.

[21] Rinderle S, Reichert M, Dadam P. Flexible support of team processes by adap-

tive workflow systems[J]. Distributed and Parallel Databases,2004,16(1):91-116.

[22]TrĈka N,van der Aalst WMP,Sidorova N. Data – Flow anti – patterns:Discovering data – flow errors in workflows[C]. Proceedings of the 21st International Conference on Advanced Information Systems Engineering. Germany,Berlin,2009:425-439.

[23]Van der Aalst WMP. The application of Petri nets to workflow management [J]. The Journal of Circuits,Systems and Computers,1998,8(1):21-66.

[24]Song W,Ma XX,Cheung SC,et al. Preserving data flow correctness in process adaptation[C]. Proceedings of the 7th IEEE International Conference on Services Computing. Washington,USA,2010:9-16.

[25]杨芙清,梅宏,吕建,等. 浅论软件技术发展[J]. 电子学报,2002,30(12A):1901-1906.

[26]王怀民,史佩昌,丁博,等. 软件服务的在线演化[J]. 计算机学报,2011,34(2):318-328.

[27]杨芙清,梅宏,吕建. 网构软件技术体系:一种以体系结构为中心的途径[J]. 中国科学,2008,38(6):818-828.

[28]Godfrey M W,German D M. The past,present,and future of software evolution [C]. Proceedings of the International Conference on Software Maintenance. Beijing,China,2008:129-138.

[29]吕健,马晓星,陶先平,等. 面向网构软件的环境驱动模型与支撑技术研究[J]. 中国科学:信息科学,2008,38(6):864-900.

[30]李长云,何频捷,李玉龙. 软件动态演化技术[M]. 北京:北京大学出版社,2007.

[31]宋巍. Web 服务组合动态演化技术研究[D]. 南京:南京大学,2010.

[32]Ryu S H,Casati F,Skogsrud H,et al. Supporting the dynamic evolution of Web service protocols in service – oriented architectures[J]. ACM Transactions on the Web. New York,USA,2008,2(2):Article No. 13.

[33]Liske N,Lohmann N,Stahl C,et al. Another approach to service instance migration[C]. Proceedings of the Joint International Conference on Service – O-

riented Computing and ServiceWave (ICSOC/ServiceWave),2009:607-621.

[34] Lam L,Tang Q,Zou Z L,et al. Identifying data constrained activities for migration planning[C]. Proceedings of the 7th IEEE International Conference on Services Computing (SCC). Washington:IEEE Computer Society Press,2009:364-371.

[35] Ellis C A,Keddara K,Rozenberg G. Dynamic change within workflow systems [C]. Proceedings of the International Conference on Organizational Computing Systems,1995:10-21.

[36] Halpern M. The evolution of the programming system[J]. IEEE Datamation, 1964,10(7):51-53.

[37] Couch R F. Evolution of a toll MIS at bell Canada[C]. Proceedings of MIS. Copenhagen,1971:163-188.

[38] Lehman M M,Belady L A. Program evolution:the process of software change [M]. New York:Academic Press,1985.

[39] Lehman M M. On understanding laws,evolution and conservation in the large program life cycle[J]. Systems and Software,1980,1(3):213-221.

[40] Arthur L J. Software Evolution: the software maintenance challenge [M]. Hoboken:John Wiley & Sons,1988.

[41] Oman P W,Lew T G. Milestones in software evolution[M]. New York:IEEE Computer Society Press,1990.

[42] Boehm B W. A spiral model of software development and enhancement[J]. IEEE Computer,1988,21(5):61-72.

[43] Bennett K H,Rajlich V T. Software maintenance and evolution: a roadmap [J]. Proceedings of the International Conference on Software Engineering. Limerick,2000:73-87.

[44] Gupta D,Jalote P,Barua G. A formal framework for on – line software version change[J]. IEEE Transactions on Software Engineering, 1996, 22 (2): 120-131.

[45] Hicks M. Dynamic software updating [D]. Philadelphia:University of Pennsylvania,2001.

[46] Dmitriev M. Safe class and data evolution in large and long – lived java applications [D]. Glasgow city: University of Glasgow, 2001.

[47] Inverardi P, Wolf A L. Formal specification and analysis of software architectures using the chemical abstract machine model[J]. IEEE Transactions on Software Engineering, 1995, 21(4): 373-386.

[48] Metayer D L. Describing software architecture styles using graph grammars [J]. IEEE Transactions on Software Engineering, 1998, 24(7): 521-553.

[49] Luckham D C, Vera J. An event – based architecture definition language[J]. IEEE Transactions on Software Engineering, 1995, 21(9): 717-734.

[50] Magee J, Kramer J. Dynamic structure in software architectures[C]. Prceedings of the 4th ACM SIGSOFT Symposium on Foundations of Software Engineering. New York, USA, 1996: 3-14.

[51] Oreizy P, Gorlick M, Taylor R, et al. An architecture – based approach to self – adaptive software[J]. IEEE Intelligent Systems, 1999, 14(3): 54-62.

[52] Dashofy E M, Hoek A, Taylor R. Towards architecture – based self – healing systems[C]. Proceedings of the Workshop on Self – Healing. Charleston, 2002: 21-26.

[53] Georgas J C, Taylor R. Towards a knowledge – based approach to architectural adaptation management[C]. Proceedings of the ACM SIGSOFT Workshop on Self – Managed Systems. New York, USA, 2004: 59-63.

[54] Mei H, Huang G. PKUAS: An architecture – based reflective component operating platform [C]. Proceedings of the International Workshop on Future Trends of Distributed Computing Systems. Suzhou, 2004: 26-28.

[55] 黄罡. 反射式软件中间件原理与技术研究[D]. 北京:北京大学,2003.

[56] 黄罡,王千祥,梅宏,等. 基于软件体系结构的反射式中间件研究[J]. 软件学报;2003,14(11):1819-1826.

[57] 吕建,张鸣,廖宇,等. 基于移动 Agent 技术的构件软件框架研究[J]. 软件学报,2000,11(8):1018-1023.

[58] 胡海洋,杨玫,陶先平,等. Cogent 后组装技术研究与实现[J]. 电子学报,2002,30(12):1823-1827.

[59] OSGi Alliance. OSGi service platform, core specification, release 4, version 4.2[M]. OSGi Alliance,2009.

[60] Bruneton E, Coupaye T, Leclercq M, et al. An open component model and its support in java[C]. Proceedings of the International Symposium on Component – Based Software Engineering. Ddinburgh, UK,2004:7-22.

[61] Oquendo F, Warboys B, Morrison R, et al. Archware: architecting evolvable software[C]. Proceedings of the First European Workshop on Software Architecture. St Andrews, UK,2004:257-271.

[62] Mukhija A, Glinz M. Runtime adaptation of applications through dynamic recomposition of components[C]. Proceedings of the 18th International Conference on Architecture of Computing Systems. Innsbruck, Autstria,2005:124-138.

[63] Floch J, Hallsteinsen S, Stav E, et al. Using architecture models for runtime adaptability[J]. IEEE Software,2006,23(2):62-70.

[64] Dowling J, Cahill V. Dynamic software evolution and the K – Component model [C]. Proceedings of OOPSLA 2001 Workshop on Software Evolution. Vienna, Austria,2001:1-6.

[65] Dowling J, Cahill V. The K – Component architecture meta – model for self – adaptive software[C]. Proceedings of the Third International Conference on Metalevel Architectures and Separation of Crosscutting Concerns. Kyoto, Japan,2001:81-88.

[66] Dowling J. The decentralized coordination of self – adaptive components for autonomic distributed systems [D]. Dublin: Trinity College,2004.

[67] Dowling J, Cahill V. Self – Managed decentralized systems using k – components and collaborative reinforcement learning[C]. Proceedings of the 1st ACM SIGSOFT Workshop on Self – managed Systems. New York, USA,2004:39-43.

[68] Cheng S W, Huang A C, Garlan D, et al. Rainbow: Architecture – based self – adaptation with reusable infrastructure[J]. IEEE Computer, 2004, 37(10): 46-54.

[69] Cheng S W. Rainbow: Cost – effective, architecture – based self – adaptation [D]. Pittsburgh: Carnegie Mellon University,2008.

[70] Robertson P, Laddaga R. Model based diagnosis and contexts in self – adaptive software[C]. Proceedings of the Conference on Self – star Properties in Complex Information Systems. Bertinoro, 2005:112-127.

[71] Szyperski C. Component Software: Beyond Object – Oriented Programming. [M]. 2nd ed. Harlow: Addison – Wesley, ACM Press, 2002:321-335.

[72] Taylor R N, Medvidovic N. A component and message – based architectural style for GUI software[J]. IEEE Transactions on Software Engineering, 1996, 22(6):390-406.

[73] Papazoglou M P. The challenges of service evolution[C]. Proceedings of the International Conference on Advanced Information Systems Engineering. Montpellier, France. 2008:1-15.

[74] Andrikopoulos V, Benbernou S, Papazoglou1 M P. Managing the evolution of service specifications[C]. Proceedings of the International Conference on Advanced Information Systems Engineering. Montpellier, France, 2008:359-374.

[75] Moser S, Martens A, Gorlach K, et al. Advanced verification of distributed WS – BPEL business processes incorporating CSSA – based data flow analysis [C]. Proceedings of the IEEE International Conference on Services Computing. Salt Lake City, USA, 2007:98-105.

[76] Zhang Z, Chan W K, Tse T H, et al. Capturing propagation of infected program states[C]. Proceedings of the 7th Joint Meeting of the European Software Engineering Conference and the ACM SIGSOFT Symposium on the Foundations of Software Engineering (ESEC/FSE '09). Amsterdam, The Netherlands, 2009:43-52.

[77] 印桂生,王莹洁,董宇欣,等. 网构软件的 Wright – Fisher 多策略信任演化模型[J]. 软件学报,2012,23(8):1978-1991.

[78] Liu X M, Bouguettaya A. Managing top – down changes in service – oriented enterprises[C]. Proceedings of the IEEE International Conference on Web Services. Utah, USA, 2007:1072-1079.

[79] 黄万艮. 基于消息和构件运算的软件体系结构演化研究[D]. 长沙:中南大学,2009.

[80]张世琨,王立福,杨芙清.基于构件的软件框架与角色扩展形态研究[J].软件学报,2003,14(8):1364-1370.

[81]Bass L,Celments P C,Kazman R. Software architecture in practice[M]. Aonton:Addison – Wesely,1998.

[82]梅宏,陈锋,冯耀东,等. ABC:基于体系结构、面向构件的软件开发方法[J].软件学报,2003,14(4):722-732.

[83]王映辉,王立福.软件体系结构演化模型[J].电子学报,2005,33(8):1381-1386.

[84]刘莹,张一川,张斌,等.基于行为效果的服务可替换性分析[J].计算机研究与发展,2010,47(8):1442-1449.

[85]陈振邦,王戟,董威,等.面向服务软件体系结构的接口模型[J].软件学报,2006,17(6):1459-1469.

[86]Peng Xin,Wu Y J,Zhao W Y. A feature – oriented adaptive component model for dynamic evolution[C]. Proceedings of the 11th European Conference on Software Maintenance and Reengineering (CSMR 2007),2007:49-57.

[87]彭鑫.基于本体、特征驱动的产品线开发方法[D].上海:复旦大学,2006.

[88]彭鑫,赵文耘,刘奕明.基于特征模型和构件语义的概念体系结构设计[J].软件学报,2006,17(6):1307-1317.

[89]赵长海,晏海华,金茂忠.基于编译优化和反汇编的程序相似性检测方法[J].北京航空航天大学学报,2008,34(6):711-715.

[90]周航,黄志球,张广泉,等.基于 PTCPN 的网构软件建模与分析[J].软件学报,2010,21(6):1254-1266.

[91]Baldan P,Corradini A,Ehrig H,et al. Compositional semantics for open Petri nets based on deterministic process[J]. Math Struct Comput Sci,2005,15(1):1-35.

[92]郭玉彬,杜玉越,奚建清. Web 服务组合的有色网模型及运算性质[J].计算机学报,2006,29(7):1067-1075.

[93]李景霞,闫春钢.一种基于扩展颜色 Petri 网的 Web 服务组合验证机制[J].计算机科学,2009,36(10):146-149.

[94]袁崇义. Petri 网原理与应用[M].北京:电子工业出版,2005.

[95] Jensen K. Colored petri nets: basic concepts, analysis methods and practical use, volume 1, basic Concepts[J]. Monographs in Theoritical Computer Science. Springer - Verlag, 1992.

[96] 蔡立志. 基于形式化的软件测试复用若干关键技术的研究[D]. 上海:上海大学,2009.

[97] 王喆. 基于着色 Petri 网的工作流执行服务的设计与实现[D]. 北京:清华大学,2005.

[98] 李景霞. 基于扩展颜色 Petri 网的 Web 服务组合建模研究[D]. 北京:中国科学院研究生院(计算技术研究所),2006.

[99] Yin Q, Hu H, Li J, et al. An approach to ensure service behavior consistency in OSGi[C]. Proceedings of the 12th Asia - Pacific Software Engineering Conference (APSEC 2005). Taipei, Taiwan, IEEE Computer Socity, 2005: 185-192.

[100] 胡昊,殷琴,吕建. 虚拟计算环境中服务行为与质量的一致性[J]. 软件学报,2007,18(8):1943-1957.

[101] 杜彦华,范玉顺,李喜彤. 基于模块化可达图的服务组合验证及 BPEL 代码生成[J]. 软件学报,2010,21(8):1810-1819.

[102] 范贵生,虞慧群,陈丽琼,等. 基于 Petri 网的服务组合故障诊断与处理[J]. 软件学报,2010,21(2):231-247.

[103] 钱柱中,陆桑璐,谢立. 基于 Petri 网的 Web 服务自动组合研究[J]. 计算机学报,2006,29(7):1057-1066.

[104] Hamadi R, Benatallah B. A Petri net - based model for web service eomposition[C]. Proeeedings of the 14th Australasian Database Conferenee. Adelaide, Australian, 2003: 191-200.

[105] 汤宪飞,蒋昌俊,丁志军,等. 基于 Petri 网的语义 Web 服务自动组合方法[J]. 软件学报,2007,18(12):2991-2300.

[106] Wolf K. Does my service have partners[J]. Trans. on Petri Nets and Other Models of Concurrency. LNCS 5460, 2009, 2: 152-171.

[107] Martens A. Consistency between executable and abstract processes[C]. Proceedings of the 2nd IEEE International Conference on e - Technology, e -

Commerce and e – Service. Washington: IEEE Computer Society Press, 2005: 60-67.

[108] DeRemer F, Kron H H. Programming – in – the – large versus programming – in – the – small [J]. IEEE Transaetions on Software Engineering, 1976, 2(2):80-86.

[109] Decker G, Weske M. Behavioral consistency for B2B process integration. In: Krogstie J, Opdahl AL, Sindre G, eds[C]. Proceedings of the 19th International Conference on Advanced Information Systems Engineering. LNCS 4495, Berlin, Heidelberg: Springer – Verlag, 2007:81-95.

[110] Bordeaux L, Salaün G, Berardi D, et al. When are two Web services compatible? [C]. Proceedings of the 5th International Workshop on Technologies for E – Services. LNCS 3324, Berlin, Heidelberg: Springer – Verlag, 2005: 15-28.

[111] Ye C Y, Cheung S C, Chan W K, et al. Atomicity analysis of service composition across organizations[J]. IEEE Trans. on Software Engineering, 2009, 35 (1):2-28.

[112] Stahl C, Massuthe P, Bretschneider J. Deciding substitutability of services with operating guidelines[J]. Trans. on Petri Nets and Other Models of Concurrency, LNCS 5460, 2009, 2:172-191.

[113] Lohmann N, Massuthe P, Wolf K. Operating guidelines for finite – state services[C]. Proceedings of the International Conference on Application and Theory of Petri nets and Other Models of Concurrency. LNCS 4546, Berlin, Heidelberg: Springer – Verlag, 2007:321-341.

[114] van der Aalst WMP, Weske M. The P2P approach to interorganizational workflows[C]. Proceedings of the 13th International Conference on Advanced Information Systems Engineering. LNCS 2068, Berlin, Heidelberg: Springer – Verlag, 2001:140-156.

[115] Ellis C A, Keddara K. A workflow change is a workflow. Business process management, models, techniques, and empirical studies [C]. LNCS 1806, Berlin, Heidelberg: Springer – Verlag, 2000:201-217.

[116]窦文生,吴国全,魏峻,等.基于状态方面的Web服务动态替换[J].计算机科学,2009,36(7):97-102.

[117]张敬周,任洪敏,宗宇伟,等.基于行为自动机的构件可替换性分析与验证[J].软件学报,2010,21(11):2768-2781.

[118]叶红.可达矩阵的Warshall算法实现[J].安徽大学学报:自然科学版,2011,35(4):31-35.

[119]刘任任,陈建二,陈松乔.基于求传递闭包的Warshall算法的改进[J].计算机工程,2005,31(19):38-40.

[120]孙道德.离散数学[M].合肥:中国科学技术大学出版社,2010.

[121]König D, Lohmann N, Moser S, et al. Extending the compatibility notion for abstract WS-BPEL processes[C]. Proceedings of the 17th International Conference on World Wide Web. Beijing, China, 2008:785-794.